主題婚禮規劃
Planning of Themed Wedding

傅茹璋◎編著

國家圖書館出版品預行編目資料

主題婚禮規劃 / 傅茹璋編著. -- 初版. -- 新
北市：揚智文化, 2016.10
　面；　公分. -- (時尚與流行設計系列)

ISBN　978-986-298-239-6（平裝）

1.婚紗業　2.婚禮

489.61　　　　　　　　　　　　105017207

時尚與流行設計系列

主題婚禮規劃

編 著 者／傅茹璋
出 版 者／揚智文化事業股份有限公司
發 行 人／葉忠賢
總 編 輯／閻富萍
特約執編／鄭美珠
地　　　址／新北市深坑區北深路三段 260 號 8 樓
電　　　話／(02)8662-6826
傳　　　真／(02)2664-7633
網　　　址／http://www.ycrc.com.tw
 E-mail　／service@ycrc.com.tw
印　　　刷／彩之坊科技股份有限公司
 I S B N　／978-986-298-239-6
初版一刷／2016 年 10 月
定　　　價／新台幣 480 元

周 序

結婚是人生大事，擁有一個美好且令人印象深刻的主題婚禮，更是許多新人夢寐以求的。然而婚禮籌備事務千頭萬緒，愈是求好心切，愈有可能顧此失彼、掛一漏萬，到頭來甚至成為新人失和的導火線，一對「天成」的佳偶瞬間成了「人為」的怨偶，實在冤枉。

有鑑於此，本校時尚造形設計系傅茹璋教授特別編著《主題婚禮規劃》一書。個人有幸先睹為快，拜讀之後既惋惜又興奮。惋惜的是自己結婚太早，沒有機會用到；興奮的是即將步入禮堂的新人們有福了，可以按「書」索驥，一步步打造自己心目中的完美婚禮。

傅教授本身具有美學和設計的專業素養，曾擔任本校時尚造形設計系創系主任及設計中心主任等職務，在教學與行政表現都非常優異。此外她又長期浸淫藝術領域，非常適合詮釋像婚禮規劃這樣高度具有美感及設計性的主題。

綜觀全書十三章，其內容豐富精彩，涵蓋主題婚禮的每一個階段，例如婚紗就介紹了六種風格、九種材質、十一種裙襬、十種領型、三種腰線；配件光捧花就介紹了十二種；甚至連婚禮當中的互動小遊戲都列出了三十九種可供參考；實在是一本主題婚禮百科全書，完全可以回應新人在籌備婚禮過程中可能遇到的所有問題。

全書內容雖多，但在傅教授的生花妙筆之下，搭配近三百張的圖表以及詳盡的流程說明，讓人讀來興味盎然；尤其對於婚紗、配件、喜帖、禮品等品項的介紹，更讓人不僅知其然，更知其所以然，就算不是新人，也能從中獲得許多知識，更是從事主題婚禮相關產業從業人員，例如婚禮顧問、新娘秘書、喜宴等業者，所不可或缺的藍本。

根據統計，每年台灣有超過十萬對以上的新人結婚，整體婚禮產業的總值超過千億元，可以想見未來會有更多的畢業生投身此一產

業。本書若選作國內大專院校開設相關課程時的教科書，相信也是非常適切的。

　　總之，本書內容詳盡、資料豐富，是一本非常實用的好書。故特此推薦，並為之序。

醒吾科技大學校長

周燦德

林　序

在一個機緣之下，有幸認識了傅老師，再與老師約見面詳談後，瞭解老師準備出一本全新的主題婚禮書籍，裡面的內容廣泛地描述到很多即將步入禮堂的新人的建議，完全是「婚禮秘笈」的內容！

對於正在這幸福相關產業的我，已經拍攝超過數百場婚紗、婚禮相關的內容，同時與服務過的新人們溝通與建議事項。其實這次傅老師的書籍裡，真的涵蓋了超多細節的介紹與詳細的說明。無論是對於上傅老師課程的學生或是準新人而言，完全是一大福音；因為可以省去許多繁瑣的婚前功課，以及數不清的婚宴場地與內容的參觀時間。

這個幸福的產業裡，有說不完的美麗故事與講不完的感人內容。在婚紗的前製過程中，主題性與配件，以及相關的道具呈現，都將影響最終的拍攝結果。然而傅老師的書中，精確地提到許多相關的內容，並直接協助新人一一地確認細節，以及相關的呈現方式。依我拍攝的角度而言，今天新娘的白紗款式與搭配的捧花，以及頭上的髮飾，其實都是息息相關的。另外，新郎的西裝款式與搭配的胸花或領結等整體造形，最後與新娘造形搭配，兩人是否是加分效果？這是非常重要的一環。而書中對於婚紗到婚禮服裝與配件的搭配及呈現，都完美地協助準新人詳加記載了！

幸運地與傅老師聊了婚禮市場的變動，雖然我們接觸的出發點與內容不太一樣，正因為如此才能迸出更多的火花，並藉由老師的經驗分享，瞭解到更多我沒接觸過的部分及知識。因為我比較專注於國外的婚紗、婚禮攝影比賽，相對地會嘗試瞭解台灣市場與國外市場的差異性。對於台灣能出版一本將婚紗、婚禮專業性整合的書籍，真的是非常的重要，尤其是把所有相關產業彙集成一本詳細易懂的書；無論是提供學生或是新人，或是各個相關產業的從業人員閱讀，我想這應

該算是一本「婚禮秘笈」吧！也感謝傅老師的熱情邀約，能夠協助老師的書籍與老師的文章搭配，真的是很感動；也希望眾多的讀者能同時感受到我們對於婚禮產業的熱情與信念！

樂思攝紀工作室 攝影總監

林宗德

呂　序

　　很榮幸受邀為這本書寫推薦序，當下心情非常開心，也迫不及待地趕快拜讀一番。身為婚禮顧問，我好喜歡這個工作，每天接觸到的、討論到的都是令人心情愉悅的婚禮，每天都在浪漫、幸福洋溢的氛圍裡，彷彿全世界都在對我微笑，我覺得這才應該是全世界最夢幻的工作。

　　在婚禮這個幸福產業多年，籌辦過許多大大小小的國內外婚禮，雖然累積了無數的經驗，也和許多對這個行業有興趣的新鮮人分享工作上的點滴，但總覺得這行業必須「活到老學到老」，要不斷地吸收新的知識、不停地學習；婚顧的頭腦就像電腦一樣，記憶體和硬碟容量要不斷地擴充，才能夠讓自己更加強大，提供最好的服務給新人。

　　在每一次的經驗分享會或授課前，我都要針對不同學員需求絞盡腦汁地規劃婚禮課程，所以當得知傅茹璋教授這本新書即將問世，很恭喜她，也非常謝謝她，因為這是一本非常完整的婚禮教戰書，也是婚禮實用寶典。無論是準新人、協助籌辦婚禮姊妹、婚禮產業的夥伴，甚至專業的婚禮顧問，看完了這本書都一定會受益良多。

　　「台灣人的婚禮，不應該只有吃這件事」，客製化婚禮風格會讓每一場婚禮都令人印象深刻，「主題婚禮規劃」在婚禮當中是最為重要的，每一場婚禮都應該是在說一個故事，而每一對新人的故事也都會是不同的，婚禮顧問挖掘新人內心深處，整合新人的想法意見，沒有距離的溝通，精準高效率地執行，為新人量身打造獨一無二的婚禮。透過他們的故事，創造出多元且精緻細膩的婚禮，顛覆大家對於傳統婚禮的概念，把幸福延續散播出去，讓所有參與婚禮的親友們，一同分享這幸福甜蜜，這也是我們從事婚禮工作最大的成就。

　　這本書有許多的內容是其他婚禮書中所看不到的，雖然我也是身

經百戰的婚場老將，但是當我一開始閱讀這本書時，就馬上被帶入書中的情境，從中吸收了不少的知識，許多的畫面一一浮現，這是值得細細琢磨品味的。本書的內容豐富有趣，不僅能引領您入門，讓新人對於婚禮規劃上更得心應手，也能讓婚禮職人日後的進階學習奠定良好的基礎。

最後我想要告訴大家，婚禮是人生當中最重要的事，有夢想就應該要實現，開心地去享受婚禮規劃過程中帶來的樂趣，這些甜蜜的點滴，將會讓您永生難忘，陪您一直到老。

芙蝶婚禮顧問創辦人

呂信達

自 序

　　「婚禮產業」是結合生活產業、美學產業、時尚產業與文化產業等跨域整合的幸福產業；可提供學生畢業後多元的就業機會，並符合時尚產業發展潮流的趨勢。「婚禮產業」所發展的婚禮顧問（婚禮企劃師），成就新人的夢想婚禮；並將婚紗、攝影、花卉、喜餅、印刷、金飾、婚宴、會場布置、音樂及旅行業等行業連結為套裝產業。

　　現代新人對於婚禮的舉辦，有更多的期待與創意，金錢和排場不再是婚禮的首要目標，現代的新人越來越注重「感覺」，希望自己的婚禮能展現與眾不同的特色。因此，因應新人對於婚禮的期待，婚禮顧問與新人溝通後，必須考量婚禮舉辦場地、新人婚禮經費預算，以及可行性等條件，以真摯的態度給予新人貼心的建議。婚禮顧問依據新人的成長背景、愛情故事、興趣嗜好等資料，協助新人打造最難忘的「主題婚禮」，提供新人婚禮習俗、婚紗禮服、婚宴活動、會場布置、音樂鋪陳與服務諮詢等專業服務，負責企劃與執行從婚前籌劃階段、婚禮舉行階段與婚後階段的各項服務。

　　現代人觀念的改變與西方文化的融合，許多的新人選擇具有故事性或風格的主題婚禮；例如綠色婚禮、跳傘婚禮、高爾夫球婚禮、棒球婚禮、潛水婚禮、重型機車婚禮、希臘風情婚禮、中國風時尚奢華婚禮、搖滾婚禮、Cosplay角色扮演婚禮等。此外，近年婚禮顧問公司提供海外婚禮套裝行程，滿足嚮往簡單精緻概念婚禮的新人、舉辦紀念婚禮的夫妻，以及彌補遺憾的夫妻等人士，擁有一場永生難忘的浪漫海外婚禮。因應新人的需求與婚禮顧問的創意，舉辦婚禮的方式更多元與多樣化，展現社會發展過程不同的時代背景與特徵，成為當代社會變遷與婚禮習俗發展過程的重要見證。

　　主題婚禮的市場需求，以及婚禮產業朝跨域整合發展趨勢，需

要更多時尚產業設計及企劃人才投入，發揮其專業力及創意。有鑑於「婚禮風格規劃」專書的缺乏，筆者將過去教授該課程的資料彙整，與協助新人籌劃婚禮經驗的累積，系列性地編撰婚禮產業之相關專書。《主題婚禮規劃》專書，為筆者因應台灣婚禮產業每年新台幣1,000億市場商機，繼2015年4月出版《婚禮風格規劃概論》專書後，提供培育相關專業人才課程所編撰的系列叢書，亦可作為在婚禮產業職場從業人員的專業用書。《主題婚禮規劃》專書，原本計畫於去年底付梓出版；後考量本書內容與相關照片仍待充實，以及筆者期待透過專業攝影師與婚禮顧問等人士的經驗交流，提供本書在現代婚禮發展多元化的現象，提供不同的觀點；直至今年5月終於完成本書的內容細節。由於諸多客觀因素的限制，本書尚有「主題婚禮規劃」的資料須透過更多先進、前輩的指導，方能更完整與精緻地呈現；此乃筆者持續努力的目標。

　　本書的出版，特別感謝幸福特派員阿杜攝影師、王森森攝影師、林宗德攝影總監、劉宜芳攝影師，以及呂信達婚禮顧問等專業，提供本書珍貴的照片。最後特別感謝醒吾科技大學周燦德校長、林宗德攝影總監，以及呂信達婚禮顧問應允，為本書撰序。

傅茹璋

撰文於2016年春

目　錄

Chapter 1

主題婚禮　1

Chapter 2

主題婚禮的新娘婚紗　69

主題婚禮規劃

Chapter

1

主題婚禮

一、何謂主題婚禮？

二、如何規劃主題婚禮？

三、主題婚禮企劃服務流程

四、主題婚禮風格案例

五、主題婚禮會館

依據經濟部商業司（2009）資料顯示，台灣近年之婚禮產業已增至每年新台幣1,000億的商機。台灣的婚禮產業擁有1,000家以上婚紗店，20,000名以上員工，並持續增加中。

2000年代起，客製化的婚禮百花爭鳴，主題婚禮興起，婚禮顧問（婚禮企劃）應運而生。飯店業者增設婚禮企劃部門；婚禮會館提供多樣化精緻服務與設備；個人工作室提供客製化服務並與飯店或婚禮會館跨域合作。海外婚禮成為婚顧公司服務的項目；婚紗業者、飯店業者、婚飾業者、糕餅公司、禮品業者、旅行業者等行業，成為婚禮顧問合作對象；整合式婚禮產業蓬勃發展，並吸引東南亞、新加坡與大陸等新人至台灣拍攝婚紗照。台灣婚禮產業創造無限商機，成為跨域合作的創意產業。

現代新人對於婚禮的舉辦，有更多的期待與創意，金錢和排場不再是婚禮的首要目標，現在的新人越來越注重感覺，希望自己的婚禮能展現與眾不同的特色。因此，因應新人對於婚禮的期待，婚禮企劃師與新人溝通後，必須考量婚禮舉辦場地、新人婚禮經費預算，以及可行性等條件，以真摯的心給予新人貼心的建議。評估婚禮舉辦因素之後，婚禮企劃師團隊可以提出符合新人故事背景、愛情故事或成長經驗等具有創意的主題婚禮。

一、何謂主題婚禮？

因應現代人的觀念改變與西方文化的融合，更多的新人選擇具有新人故事性或風格的主題婚禮；例如綠色婚禮、跳傘婚禮、高爾夫球婚禮、棒球婚禮、浪漫的藍白希臘風情婚禮、潛水婚禮、中國風時尚奢華婚禮、重型機車隊伍迎娶婚禮、搖滾婚禮、Cosplay角色扮演婚禮等。因應新人的需求與婚禮企劃師的創意，舉辦婚禮的方式更多元與多樣化，展現社會發展過程不同的時代背景與特徵，成為當代社會變

遷與婚禮習俗發展過程的重要見證。

　　透過新人與婚禮企劃師溝通後，新人的故事背景與創意發想，利用視覺設計營造的風格，都可能成為獨特的主題婚禮，讓新人和賓客留下難忘的深刻印象。主題婚禮規劃，包括禮服色彩、禮服款式、會場布置風格、喜帖設計、婚禮活動等特色，展現整體婚禮的環節，能夠以「視覺的」、「活動的」、「價值的」與「創意的」思維發想設計，呼應主題婚禮的風格。

魔獸世界及海賊王主題婚禮示意圖

資料來源：樂思攝紀工作室，2015（林宗德攝影師提供）。

棒球主題婚禮示意圖

資料來源：芙蝶創意婚禮設計有限公司，2016（呂信達婚禮顧問提供）。

二、如何規劃主題婚禮？

擔任婚禮企劃師，規劃主題婚禮除了須具備豐富的主題婚禮風格之專業素養，並且需靈活提出決定主題風格的元素，以及無限的創意，展現婚禮主題整體氛圍的團隊執行能力。

策劃完整的主題婚禮可以四面向發想設計，包括：(1)具視覺美感的形象設計；(2)具活動連結的主題發想；(3)具價值意義的情感表達；(4)具創意內涵的婚禮過程；在婚禮準備階段，婚禮企劃師與新人充分溝通，提出符合新人背景與故事等最貼切的主題婚禮。

主題婚禮規劃的步驟、方向與元素，大致可歸納為：(1)主題婚禮制定三步驟；(2)主題婚禮七大方向；(3)主題婚禮四大元素等。說明如次。

(一)完整的主題婚禮四個面向

◆ 具視覺美感的形象設計

1. 建立視覺主題形象設計，可利用主題色彩，例如若要辦一場「Tiffany Blue婚禮」，可應用藍色和白色作為主題色彩。若要舉辦「維多利亞時代婚禮」，則可應用浪漫的紫色與金色等為主題色彩。若要舉辦中國婚禮，可巧妙應用紅色與金色為主題色彩，能展現婚禮的貴氣與喜氣。

2. 建立視覺主題形象設計，包含新人決定結婚後的喜帖設計，結婚當天的入口迎賓拍照背板、小禮物、會場布置，以及桌上的歡迎卡、菜單卡等，都以這個色系或圖騰為主。

3. 只要是眼睛看得到的部分，都要與主題設計有關，營造新人的主題形象視覺特色與婚禮環境氛圍。

◆ 具活動連結的主題發想

1. 婚禮當天相關的活動，都需圍繞著婚禮主題發想。例如舉辦棒球婚禮，婚禮可以由新娘父親擔任投手，新郎揮棒擊出全壘打

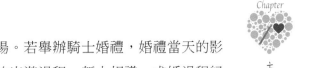
後，便將新娘牽手帶入會場。若舉辦騎士婚禮，婚禮當天的影片就可以播放當初車友們的出遊過程、新人相識、求婚過程紀錄，以及婚禮當天重型機車大會師等婚禮活動。或者以新人喜歡喝茶的共同興趣為主題，婚禮播放影片故事可以茶文化為發想，穿插新人出遊品茶、愛茶的生活方式與品味，凸顯新人與「茶香」的故事；宴客席間以茶代酒敬謝賓客，謝客時分送小茶包為謝客禮。

2. 婚禮中場階段的互動遊戲，安排的遊戲與婚禮主題相關。

◆ 具價值意義的情感表達

1. 表達舉辦婚禮的價值，呈現對賓客分享的、感恩的、幸福的記憶與感動。

2. 當天參加婚禮的親友、賓客，有些和新人有著從小到大一起成長的回憶，有些是同學、同事、無話不聊的哥兒們與姊妹淘；更重要的是辛苦養育新人長大的父母，與關照新人的親友和長官，這些都是新人在人生重要時刻，表達情感的珍貴價值。

3. 無論是現場告白或是藉由影片傳達，甚至用更具創意的音樂劇、舞蹈或舞台劇方式呈現；藉著婚禮活動過程，將這份愛真摯地表達。

4. 只要能將這份愛與感恩誠摯地表達，都能提升婚禮感人的高潮，留下難忘的經典印象。

◆ 具創意內涵的婚禮過程

1. 為凸顯新人的婚禮主題的獨特性，新人提供相關背景資料與愛情故事等訊息，婚禮企劃師可發揮創意，將主題婚禮的故事性以視覺的、活動的及價值的內涵，轉化為創意的外部印記，呈現在婚禮的整個過程。

2. 婚禮企劃師發揮創意，企劃與執行一場令新人永生難忘，賓客印象深刻的主題婚禮。

(二)主題婚禮規劃的步驟、方向與元素

主題婚禮規劃的步驟、方向與元素，大致可歸納為：(1)主題婚禮制定三步驟；(2)主題婚禮七大方向；(3)主題婚禮四大元素等。進行主題婚禮的規劃，需做好事前的準備，進行新人訪談與新人充分溝通，腦力激盪淬鍊創意，訂定主題與決定主題元素等。

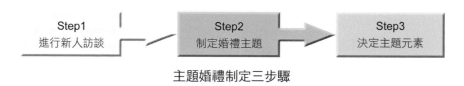

主題婚禮制定三步驟

◆ **進行新人訪談**

新人訪談是量身訂製婚禮的第一步。訪談新人的內容須包括：(1)基本資料；(2)成長背景；(3)愛情故事；(4)宴客資訊：(5)婚禮需求等。婚禮企劃師可依據新人的訪談過程與回答內容，以滾雪球方式，彈性地加深訪談重點，作為企劃主題婚禮重要的參考資訊。

專業婚禮企劃師盡可能地實現新人主題婚禮的夢想。新人和企劃師約定溝通之前，最好先準備資料：例如新人小時候的成長照片、愛情合影、喜歡的會場布置參考照片、喜歡的花藝圖片等，儘量在和企劃師溝通前，多準備一些素材，這樣便於企劃師以最快的速度，幫新人切入正題與討論主題婚禮方向。

新人是婚禮的主角，所以主題婚禮的舉辦需圍繞著兩個人的故事。優秀的婚禮企劃師，能夠憑藉經驗，從專業化的角度敏銳地覺察新人的故事中最重要的元素，甚至是新人尚未覺察到的。所以分享細節顯得尤為重要，例如第一次約會的地點、彼此的童年故事、印象深刻的爭吵、特別的共遊地點等；在溝通的過程中，幫助新人回顧愛情之路的點滴故事。婚禮企劃師訪談新人希望的婚禮氛圍，傾聽新人彼此印象最深、覺得最感動的記憶，瞭解新人共同的愛好，找到某個重要元素，是牽動新人彼此的情愫，因此找到婚禮主題的核心價值。

◆ 制定婚禮主題

婚禮企劃師透過與新人訪談，將新人訪談資料完全地消化，歸納最適合的婚禮主題核心價值。婚禮主題規劃的原則，可考量：(1)與新人具高度關聯性；(2)符合新人對婚禮的期望；(3)與宴客地點相得益彰者。

新人提供許多背景故事，其實很難明確地分割婚禮環節的哪一個方面對於主題婚禮是最重要的；因為不同的主題會有不同的表達方式。有些可能從會場布置上更容易表現，有些可能從婚禮儀式和節目上表現更加恰當。所以在考慮時要找對「聚焦重點」，制定婚禮主題。

制定主題婚禮名稱，可朝七大方向發想：(1)風格顏色，例如「萬紫千紅」、「黃道桔日」、「紫醉金迷」；(2)特色情境，例如「愛麗絲花園」、「仙履奇緣」；(3)異國風情，例如「情定巴黎」、「愛在曼菲斯」；(4)姓名諧音，例如「愛秦萬歲」、「擁君入懷」、「玉見幸福」、「秦瑟何鳴」、「秦投易合」、「鍾愛易生」；(5)基本資料，例如「JM Wedding」、「WE Wedding」；(6)興趣背景，例如「鐵馬同步」、「泳浴愛河」、「同舟共濟」；(7)愛情故事，例如「茶香幸福」、「情戲華岡」、「情定醒吾」等。

◆ 決定主題元素

制定婚禮主題後，便可依據確立的婚禮主題，決定主題元素，包括：(1)主色調；(2)風格；(3)LOGO；(4)素材等。

主題婚禮四大元素圖

各類型主題婚禮所呈現的色調、會場布置氛圍與素材等，都需環繞在主題婚禮的風格與核心價值。主題婚禮的主色調，是視覺印象的重點，最能直接引發賓客對於新人主題婚禮的共鳴與記憶。主題婚禮

的風格，決定主題婚禮的設計方向，便於執行企劃團隊分工執行。主題婚禮的LOGO，傳達婚禮主題的精神，濃縮主題婚禮的精華，讓賓客感受新人的幸福故事。主題婚禮的素材應用，能修飾畫龍點睛的細節，讓主題婚禮更為精緻完美。

確定主題婚禮的四大元素後，便是專業團隊發揮創意，包括設計喜帖、會場布置規劃等，安排新人迎賓位置、入場方式、現場VIDEO的錄製、交換戒指儀式等各項細節，婚禮企劃師需提出若干方案，提供新人討論與選擇。

主題婚禮最終還是需落實於執行層面，包括新人的結婚預算、場地條件、賓客喜好等實際因素。貼心的婚禮企劃師需誠實地就各項條件向新人說明、討論與分析，決定符合新人需求與能力的主題婚禮方案。透過有默契、經驗豐富的優秀婚禮執行團隊，將創意婚禮企劃能落實為完美的主題婚禮。

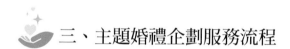 三、主題婚禮企劃服務流程

舉辦主題婚禮，需要專業企劃與創意發想；因此，婚禮顧問（婚禮企劃）成為時下新人舉辦主題婚禮的重要推手與貼心管家。

婚禮顧問（婚禮企劃）協助新人在舉辦婚禮的三個月、半年之前，便必須開始收集廠商資訊並進行接洽。新人有結婚的念頭或是展開求婚計畫時，便可請婚禮顧問（婚禮企劃）協助。

一般婚禮顧問（婚禮企劃）公司，提供新人包含四項服務：(1)婚禮規劃；(2)婚紗攝影；(3)周邊服務；(4)新興服務等。

婚禮顧問（婚禮企劃）公司之服務流程，包括：(1)諮詢洽談；(2)選擇服務項目；(3)簽訂合約；(4)規劃設計；(5)婚禮前夕；(6)婚禮當天；(7)後續服務等。

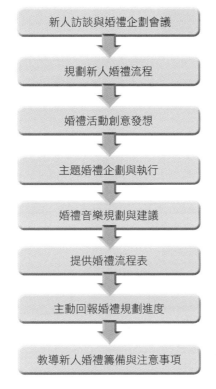

新人訪談與婚禮企劃會議

↓

規劃新人婚禮流程

↓

婚禮活動創意發想

↓

主題婚禮企劃與執行

↓

婚禮音樂規劃與建議

↓

提供婚禮流程表

↓

主動回報婚禮規劃進度

↓

教導新人婚禮籌備與注意事項

主題婚禮企劃流程圖

資料來源：幸福故事館，2015；作者繪製。

婚禮規劃
1. 協助討論結婚、訂婚日期及預訂飯店
2. 討論婚禮形式與規模及餐廳預算
3. 婚禮主題、會場布置、婚禮主持
4. 典禮當天造型等

婚紗攝影
1. 協助安排拍照日期
2. 介紹婚紗業者等

周邊服務
1. 代訂喜餅喜帖
2. 租用迎娶禮車
3. 婚禮紀實等

新興服務
1. 愛情成長MV
2. 新娘秘書
3. 蜜月旅行等

婚禮顧問（婚禮企劃）服務內容

主題婚禮規劃

Step1 諮詢洽談

1.新人在接洽前，應該先詳細瞭解婚禮顧問公司的服務項目，謹慎挑選適合的婚顧公司。
2.與婚顧人員洽談時，提出對婚禮的想法與需求，例如：婚禮主持人、新娘秘書、場地布置等。
3.婚顧公司會先讓新人觀看婚禮作品、說明服務專案內容，新人可透過專員解說及欣賞作品，瞭解婚顧公司的服務模式及風格。

Step2 選擇服務項目

1.由於婚禮顧問公司提供的服務項目眾多，新人應衡量預算，選擇必要的包套內容。
2.同時考量婚顧公司推薦的廠商服務，是否符合自己的需求。

Step3 簽訂合約

1.確定合作關係後，婚禮顧問會針對新人提出婚禮企劃案、預算表，討論並擬定正式合約。
2.新人審核內容及條款後，雙方簽署合約，保障新人權益。

Step4 規劃設計

1.接受委託後，婚禮顧問會進一步與新人溝通詳細的項目及細節，並分享過去的案例與做法。
2.在討論的過程中瞭解新人對婚禮的想法，協助與雙方家長溝通、協調對禮俗的想法。
3.為新人規劃最佳婚禮方案及婚禮行程表。

Step5 婚禮前夕

1.與新人再次確認迎娶流程、婚宴流程企劃書。
2.和相關服務人員確認婚禮流程，確認工作人員的安排、物品清單、迎娶路線及時間表。
3.婚禮前一天進行彩排，如果有安排表演活動，也需提前演練一次。

Step6 婚禮當天

1.婚禮顧問負責統籌、控管婚禮，確保流程順利進行。
2.安排足夠的支援人力（如婚俗引導人、場控、音控）到婚宴現場，協助新人打理各項事宜，隨時因應突發狀況。

Step7 後續服務

若婚禮顧問提供婚禮攝影服務，婚禮結束後，會依約完成進度，並通知新人領取成品及結婚紀念作品。

婚禮顧問（婚禮企劃）服務流程圖

婚禮顧問（婚禮企劃）協助新人結婚之工作流程如下圖所示。

提親

喜宴事宜（餐廳的介紹、確認菜色與價格）

訂婚

婚禮前的婚禮形式溝通

婚紗禮服的評估建議及訂製婚紗

喜餅的選購及建議　　喜帖的挑選與印製

喜帖寄送

婚禮小物及賓客禮品的選購及建議

婚禮各項習俗介紹與準備

拍攝婚紗照

婚禮會場布置

安排婚禮節目、影片製作、主持人等

婚禮彩排

確認婚禮流程執行細節

婚禮當天的現場服務

確認出席

婚禮顧問（婚禮企劃）協助新人結婚之工作流程圖

資料來源：行政院勞工委員會，2008；作者繪製。

四、主題婚禮風格案例

　　為了達成完整主題婚禮企劃執行落實，執行婚禮團隊，除了確認婚禮企劃內容符合新人需求外，當天婚禮活動的執行分工，需建立在團隊專業能力與經驗分工的基礎；例如婚禮督導是掌控全場婚禮的主導性人物，主持人是婚禮順暢進行的潤滑劑，花藝師是婚禮會場的造型師，以及婚禮現場的音樂選擇與播放能提升婚禮的質感與氣氛等；這些專案必須做到環環緊扣，主題婚禮才能完美進行。執行團隊需對婚禮企劃內容確實瞭解，準備過程中需充分溝通；執行團隊的專業與默契，以及廠商資源配合等細節，都是婚禮完美舉行的關鍵因素。

　　列舉台灣與國外發展的主題婚禮風格，說明如次。

(一)西式浪漫主題婚禮

　　新娘穿著白色的婚紗，可追溯至1840年英國維多利亞女皇的婚禮；西方新娘純潔浪漫的婚紗形式與浪漫的婚禮氛圍，依然是現代西式婚禮新人選擇的典範。此外，《大亨小傳》（*The Great Gatsby*）這部電影將1920年代的奢華及紫醉金迷的場景，拍攝得太美，影響都會派對又掀起一股模仿的風潮；「西式復古風格」主題婚禮應運而生。

◆「維多利亞時代風格」主題婚禮

　　維多利亞服飾風格是指1837年至1901年間，英國維多利亞女王在位期間的服飾風格；該時代女性的服飾特點是，大量運用蕾絲、細紗、荷葉邊、緞帶、蝴蝶結、多層次的蛋糕裁剪、折皺、抽褶等元素，以及立領、高腰、公主袖、羊腿袖等宮廷款式。無論是服裝或是彩妝，浪漫的紫色都是主角，淡薰衣草紫色的眼妝，予人清甜悠閒浪漫的柔美感，最適合搭配各種維多利亞造型的服裝，且相得益彰。此外，光滑優雅的髮髻，或者是中分的波浪長髮，都是維多利亞風格的新娘典雅髮型。

　　維多利亞時代風格的婚禮，屬於十九世紀氣派豪華的宮廷式婚禮，新娘所穿著的結婚禮服綴滿蕾絲，充滿貴氣，相當耀眼奪目。伴娘所穿的禮服款式，搭配新娘禮服的豪華貴氣風格，手中拿著維多利亞女王時代風格的白色蕾絲花束，展現典雅華麗氣質。維多利亞風格婚禮布置，喜歡以華麗亮眼的材質為裝飾，例如桌上覆蓋在深紅色天鵝絨襯布上的白色蕾絲桌布、華麗的燭台等。隨著現代婚禮復古風潮的盛行，這股華麗又含蓄的柔美風格，提供現代婚禮耳目一新的氣息。

維多利亞時代風格示意圖

資料來源：evoke，2012。

◆「西式復古風格」主題婚禮

　　除了充滿貴氣的「維多利亞時代風格」主題婚禮深受新人喜愛之外，充斥著西式復古風格而濃厚懷舊風情的主題婚禮，予人輕鬆浪漫自在的氛圍，成為許多新人的選擇。

　　1920年代是一個女性擺脫束縛的關鍵年代，女人拋棄長裙、馬甲，剪掉長髮，穿著及膝短裙、鮑伯短髮、超濃妝。選擇低腰線的單薄連衣裙、大量的金屬光澤、珠繡、流蘇、羽毛飾品、頭帶等；喜歡流蘇與略寬鬆的服裝穿搭，是女性解放束縛的年代。

　　「西式復古風格」主題婚禮，強調新娘和伴娘穿著那個年代風格的禮服，頭上梳著俏麗的捲髮造型、腳上穿著無帶錦緞皮鞋，時光彷彿倒流，婚禮場景重回到1920年的西式復古年代。

　　「西式復古風格」主題婚禮，圓形婚宴桌上的構圖以裝飾藝術圖樣呈現，搭配1920年代查爾斯頓風格的音樂（查爾斯頓：1920年左右產生於美國的一種社交舞曲，特點為：4/4節拍，有時為2/2節拍，富於切分節奏。1930年代末流傳整個歐美，之後逐漸衰微）。婚禮現場安

西式復古風格示意圖

資料來源：（上圖）Alma的blog，2015；（下圖）郡俏哲理部落格，2013。

排舞蹈指導員教導賓客舞步，賓客可以隨著音樂輕鬆起舞，彷如參加一場特別的結婚派對般，非常特別且有趣。

(二)精緻中國風主題婚禮

「中國式風格」主題婚禮最受傳統新人與長輩的喜愛，既能符合長輩的期待，又能讓賓客享受低調時尚的中式婚禮。「中國式風格」主題婚禮主要以大量的沉穩色系及中國紅、耀眼金作為宴會空間的背景，配合特殊重點照明及主燈飾，使婚禮會場呈現極具現代唐風的色彩感，並且展現雍容華貴的氣息；賓客進入會場，立即感受婚禮的喜氣與幸福感。

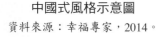
中國式風格示意圖

資料來源：幸福專家，2014。

「中國式風格」主題婚禮的花材可應用大量的玫瑰、月季為主要花卉，並搭配紅色系列的聖誕紅、繡球花、雞冠花、鬱金香、康乃馨、紅掌、虞美人、仙客來等，都是完美婚禮布置的吉祥花卉組合。

(三)精緻浪漫主題婚禮

台灣婚禮成為「台灣之光產業」，奠基於婚紗攝影產業與中西文化融合的創新發展；坊間的星級飯店、婚宴會館、休閒農場與大型活動空間等，提供婚禮企劃師多元的主題婚禮舉辦的場所；以下綜理介紹台灣坊間舉辦既能符合長輩期許，又深受新人喜愛的精緻浪漫主題婚禮。

◆「花團錦簇風格」主題婚禮

顧名思義「花團錦簇風格」主題婚禮，便是以大量的花材布置會場。選擇的婚慶用花，主題花朵要大、花要新鮮、顏色要鮮艷、花朵寓意要好。例如以印有粉紅和紅色牡丹圖案的印花布，作為婚禮場地裝飾的主題；包括會場的坐墊、宴客餐廳內的桌布、伴娘白色禮服上的花紋飾帶等；甚至新人的喜帖、菜單或謝客禮等圖案，都以主題花卉設計或包裝。連新娘和伴娘手中所拿的花束也是粉紅色、紅色牡丹等花材，呈現主題婚禮生氣盎然的花團錦簇風格。這樣的婚禮，洋溢著清新的花香氣息與幸福感，浪漫典雅氛圍深受女性和長輩們喜愛，出席的賓客留下深刻印象。

除了象徵富貴幸福的牡丹圖案或花材外，會場布置可多應用台灣當地的季節花卉蒔草，例如繡球花、天堂鳥、玫瑰、紫羅蘭、蝴蝶蘭、勿忘我、薰衣草、雛菊、風信子、桔梗、大岩桐花、三色堇等花卉，既能展現台灣花卉的特色，也能為新人節省不少費用，而新人與賓客仍能感受到婚禮的生氣盎然與幸福感。

花團錦簇風格示意圖

資料來源：（上圖）時代花苑，2016；（中圖左）就中意旅遊拍照～旅人行館粉絲's blog，2014；（中圖右，下圖）名家花苑基隆市婚禮布置，2015。

◆ 主題色系婚禮

　　許多新人希望自己的婚禮既能分享喜氣與幸福感，又能呈現時尚感氛圍。因此，近年許多婚宴會館推出如「Tiffany Blue Wedding」、「Violet Wedding」、「Charlotte Pink Wedding」等主題色系婚禮，既浪漫又時尚，深受新人喜愛。

　　「Tiffany Blue」主題色系婚禮，主要將整個婚宴場地應用Tiffany水藍色及白色為主色系；「Violet」主題色系婚禮，是以紫色系搭配白色為主色系；「Charlotte Pink」粉紅主題色系婚禮，則是以粉紅色及白色為主色系，整合全場裝飾設計，以視覺美感的色系搭配，呈現整體的婚禮環境氛圍夢幻而浪漫。

　　無論是「Tiffany Blue」主題色系婚禮、「Violet」主題色系婚禮或「Charlotte Pink」粉紅主題色系婚禮，所應用的婚禮會場布置花卉，可選擇白色系列的玫瑰花為主要花卉，並搭配花形細緻的滿天星、瑪格麗特或情人草等，以襯托Tiffany水藍色、Violet紫藍色或Charlotte粉紅色的浪漫時尚感。

Tiffany Blue主題色系婚禮示意圖

資料來源：（左圖）樂思攝紀工作室，2016（劉宜芳攝影師提供）；（右圖）樂思攝紀工作室，2016（林宗德攝影師提供）。

◆馬車主題婚禮

　　西方新人習慣在教堂舉辦婚禮，代表在神的面前立約，從此新人進入婚姻，除了蒙神的祝福之外，新人委身在婚姻中而彼此扶持。新人步出教堂後，接受親友祝福，一般新人會乘坐馬車遊覽市區，在特定的路線與民眾分享幸福。

　　為滿足新人期待結婚當天擁有一場夢幻婚禮，彷如童話故事情節，公主與王子共築美好家庭，從此過著幸福快樂的生活。因此，坊

間推出夢幻特別的「馬車婚禮」（Cinderallas Carriage Wedding）；設計由穿著西式禮服、頭戴高頂帽的車伕，駕馭俊美白馬的宮廷馬車，載著幸福的新人，循著先安排的路線，沿途接受路人的祝福與掌聲。新人乘坐馬車的畫面，如同童話中的公主與王子，從此過著幸福快樂的日子；圓滿新人的浪漫夢想。當天除了新人馬車之外，有些會館同時提供雙方家長或賓客乘坐副馬車，共同遊街分享幸福，享受貴族般婚禮的浪漫。

　　台灣的婚宴會館，因應「馬車婚禮」舉辦，深受新人喜愛，紛紛打造更夢幻的馬車造型與企劃配套的婚禮活動，以滿足與實現新人一生美好的婚禮記憶。

馬車主題婚禮示意圖
資料來源：蕎仔の用照片紀錄生活-小手札❤，2015。

◆蝴蝶主題婚禮

　　坊間的婚宴會館，推出「蝴蝶」主題婚禮（Butterfly Wedding）；主要以梁山伯與祝英台的動人愛情故事為發想，如同西方羅密歐與茱麗葉的彌堅愛情，流傳世間令人感動。而梁山伯與祝英台最後化為雙飛蝴蝶的電影情節，令人印象深刻；蝴蝶因此成為愛情的象徵。

　　蝴蝶諧音「福疊」象徵福氣滿滿層疊；因此，「蝴蝶」主題婚禮是許諾新人幸福美滿的「福疊婚禮」，寓意頗受長輩與新人喜愛。「蝴蝶」主題婚禮，經常規劃在婚禮當中最為神聖浪漫的時刻，由相愛的新人佇立在親友面前，牽手互許終身；在誓言堅定落下的瞬間，現場湧現許多深情溫柔的蝴蝶，漫天緩緩飛舞，新人完成夢幻蝴蝶婚禮；愛情也像蝴蝶一般，蝶翼飛揚，喜悅與幸福便如影隨形；象徵新人進入婚姻後，一生彼此的承諾及委身的崇高意義與價值。

蝴蝶主題婚禮會場示意圖

資料來源：（上圖）princess芸的幸福小天地，2016；（下圖）veryWed非常婚禮，2013。

◆池畔婚禮

在台灣結婚，新人若考慮舉辦「池畔婚禮」，多數需選擇具備泳池設備的會館或飯店，與婚禮企劃師共同討論設計「池畔婚禮」。「池畔婚禮」是充滿浪漫、青春陽光與時尚的婚禮；一般提供西式自助式的餐點形式，配合主題婚禮風格，服務員穿著西式服裝或南洋花襯衫，以及現場演奏著輕快浪漫的樂曲，屬於愜意風情的主題婚禮。

舉辦獨特的「池畔婚禮」風情派對，受邀賓客享受地中海或南洋般熱情的池畔婚禮，賓客可以無拘無束地感受放鬆的自在，一邊享受婚禮活動，一邊品嚐精緻美食，與親友寒暄，同時獻上對新人的誠摯祝福。無論是地中海式或南洋風的「池畔婚禮」，會場布置可應用大量鮮花綠葉為布置素材；佐以美酒佳餚、精緻點心、悠揚音樂（或輕快音樂）與水景襯托，營造青春洋溢、幸福時尚，兼具視覺、聽覺、味覺與觸覺絕美的幸福婚禮。

池畔婚禮會場示意圖

資料來源：大海愛上藍天旅遊日記分享，2014。

◆ 兒時玩偶主題婚禮

　　熊寶寶是孩童時代陪伴成長的重要玩偶與記憶；因此，許多新人舉辦戶外婚禮，會考慮「森林小熊」主題婚禮（Little Bear Wedding）。婚禮企劃師規劃以可愛的森林小熊及繡有新人姓名或主題婚禮的可愛熊對偶，或穿著禮服的大型婚禮熊，作為婚禮會場的布置主題；送客時小熊可以作為特別的送客禮。或以會場布置的可愛大熊對偶或小熊家族，營造溫馨氛圍，作為賓客拍照的場域。賓客進入會場，沉浸在自然的婚宴環境，彷彿走進童話故事中；新人入場時手牽手走在翠綠的步道，在賓客見證下，新人許下一生浪漫的誓約。這樣的婚禮尤其受到現場年輕人與小朋友的喜愛。

　　除了選擇小熊為婚禮主題外，可依新人成長背景或共同記憶的喜愛，改以「Hello Kitty」、「米老鼠」、「小叮噹」、「黃色小鴨」、「變形金剛」等兒時記憶的玩偶，藉由舉辦人生大事的重要時刻，與賓客分享成長的快樂美好記憶。

◆ 簡約風格主題婚禮

　　台灣越來越多新人選擇休閒農場舉辦婚禮；如同國外的新人會選擇在農場舉行「簡約森林婚禮」，是充滿鄉村野趣的主題婚禮，或在自家庭院舉辦「鄉村風格婚禮」，與親友分享幸福自然婚禮的時刻。其特色為會場所有裝飾以自然色調呈現，新娘穿著一襲印著白色方格圖案的薄紗禮服，頭戴寬綠大草帽，淡黃色和藍色飾帶自草帽後緣流瀉而下，就像是從森林中走出的精靈公

森林小熊主題婚禮示意圖
資料來源：weddingday，2016。

主般美麗。伴娘手裡拎著裝有黃色和藍色花朵的籃子，身穿黃色或藍色方格長禮服，腰間繫上雙色調錦緞飾帶，和新娘草帽上的飾帶相呼應，呈現整體繽紛美感。

「簡約森林婚禮」的宴客廳裡的桌布，採同樣方格紋設計，並在桌上擺放一頂插滿藍色和黃色花朵的寬緣草帽作為主要裝飾。白色餐巾紙以黃、藍方格圖案緞帶繫上；婚宴場所布置，儘量以木頭、石材或鮮花草等為素材，打造簡約的精緻美感。婚禮結束後，每位賓客可以拿到一條傳達新人婚禮特色的紀念手巾或手工餅乾、手工香皂、有機米、有機蜜餞等回客禮。當天特別設計的結婚蛋糕可以巧妙地布置在會場，安排婚禮活動中段時刻，由伴娘與花童緩緩推出，氣氛溫馨怡然。

在台灣，新人若選擇舉辦「簡約婚禮」，台灣現有開放的休閒農場、森林渡假村等寬敞的空間與自然環境，透過婚顧公司的企劃與執行，都是適合舉辦「簡約婚禮」的場所。

簡約森林風格示意圖

資料來源：人民網，2015。

(四)獨特刺激主題婚禮

結婚為人生大事，若能為新人彼此建立「婚約承諾與委身」的意義，結婚形式在現代人的選擇，或許可更彈性與多樣化。除了前述的浪漫幸福氛圍的主題婚禮外，越來越多新人嘗試刺激與獨特的婚禮；台灣自然環境資源豐富，許多場地也適合喜歡刺激的新人舉辦不一樣的婚禮。

◆「零重力」主題婚禮

在國外的婚禮舉辦，新人的哥兒們與姊妹淘，自然成為新人理想的好幫手；除了協助新人婚前籌劃的工作及提供建議外，婚禮舉辦時多能融入婚禮的各個環節，協助完成新人理想的婚禮。

零重力婚禮示意圖
資料來源：C'EST BON金紗夢婚禮，2013。

舉辦「零重力婚禮」的這一對新人來自紐約，在墨西哥灣的高空中，完成一場特殊的零重力婚禮。透過新人的哥兒們與姊妹淘提供的點子與協助，新人的結婚場地是在一架特製的波音727型飛機上。新人皆穿著特製的禮服，不但能適應零重力的環境，也能防止新娘的裙襬失控亂飄，交換的戒指也是由隕石碎片金屬特製而成。唯一的不便是，因為大家都在飄浮狀態，交換完誓詞互相親吻時難對準雙唇，也因為親吻的困難度，更顯這場婚禮彌足珍貴。新人及參與這場婚禮的賓客，都留下了刺激與獨特的婚禮經驗。

◆「雲霄飛車」主題婚禮

　　新人若尋找刺激特別的婚禮，可考慮選擇在雲霄飛車舉辦「雲霄飛車婚禮」。這對來自美國的新人為紀念在家鄉的遊樂園相識，便立刻墜入情網的愛情故事，決定選擇這間遊樂園作為婚禮場地，並邀請親友分享刺激的雲霄飛車婚禮。當新娘挽著父親的手通過紅地毯後，不是走向教堂的祭壇，而是走向雲霄飛車的入口處，新人在雲霄飛車

雲霄飛車婚禮示意圖

資料來源：C'EST BON金紗夢婚禮，2013。

上宣誓並交換戒指後，便登上雲霄飛車婚車，展開刺激的旅程；刺激興奮的歡呼聲，響徹雲霄，在新人的人生旅程中，既特別又深具愛情故事意義。

◆「冬泳」主題婚禮

冬泳是俄羅斯人與北歐人喜歡的冬天挑戰運動，但並非每位新人與賓客都有此體力的能耐。一對俄羅斯情侶在零下30℃的嚴寒天氣裡，舉辦「冬泳婚禮」，地點位在西伯利亞的克拉斯諾亞爾斯克市，新人和賓客都穿著泳裝跳進河裡同歡，新人在白色冰雪世界裡接受親友祝福，襯托真實冰冷的肌膚感受，婚禮氛圍著實溫暖幸福滿溢；象徵此後婚姻生活，無論春暖冬寒，夫妻仍應同甘共苦的承諾與委身，別有一番人生意義。

冬泳婚禮示意圖

資料來源：C'EST BON金紗夢婚禮，2013。

◆「高空彈跳」主題婚禮

　　國外新人舉辦婚禮，透過新人的哥兒們與姊妹淘及婚禮企劃師的集思廣益，總能企劃出與新人故事相關的主題婚禮；而許多創意主題婚禮雖獨特卻需要勇氣與膽識嘗試，才能圓滿完成，包括受邀賓客的膽識與配合。電影《蜘蛛人》裡經典橋段的啟發，來自比利時布魯塞爾的傑若恩・基伯斯和桑德拉・基伯斯夫婦，決定用雙人高空彈跳的方式完成終身大事。宣誓時，新人及司儀站在巨大的起重機上，參加的賓客被綁在空中平台的椅子上，只有腿部能自由活動。另一個平台上則安排管弦樂隊和一名鋼琴家，為這對新人演奏祝福，這場婚禮既刺激又展現參與賓客的十足誠意。

　　台灣具備不少高空彈跳場地，新人跳脫傳統婚禮舉辦，若能以自己的意願選擇婚禮儀式，再佐以婚宴方式傳達幸福與感謝，在現代婚禮中，或許是一種既能滿足新人獨特創意想法又可滿足長輩期許的婚禮方式。

高空彈跳婚禮示意圖

資料來源：C'EST BON金紗夢婚禮，2013。

◆「墓地」主題婚禮

　　一般人對於婚禮舉辦的概念應該是歡樂、浪漫與幸福的氛圍；因此，台灣的新人與長輩可能無法接受「墓地婚禮」，而英國新人保羅·亞當斯和25歲的薩曼莎·史密斯，卻選擇舉行一場令大多數英國人都瞠目結舌的「墓地婚禮」。這對另類新人毫無忌諱地在當地一家公墓的墓地上進行結婚宣誓，舉行一場別開生面的「墓地婚禮」。這場經過墓園「許多人」見證之下的婚禮，無論是新人或現場賓客，一定留下深刻而獨特的印象。

墓地婚禮示意圖
資料來源：C'EST BON金紗夢婚禮，2013。

◆「熱氣球」主題婚禮

　　台灣近年來遊客盛行到台東搭乘熱氣球；在清晨或傍晚時分，五顏六色的熱氣球緩緩升空，在天空中飄盪，勾畫出童話般的美麗景象；乘坐者在熱氣球上俯瞰大地，令人心曠神怡。因此，無論是求婚、拍攝婚紗照或舉辦婚禮，選擇搭乘熱氣球，是近年婚禮企劃師因應新人結婚市場需求的新選擇。

熱氣球婚禮
資料來源：人妻nana的小天地部落格，2014。

◆「懸崖吊鋼絲」主題婚禮

　　泰國巴真武里省在每年西洋情人節當天，於山腰懸崖上舉行集體吊鋼絲婚禮，成為巴真武里省的年度盛會之一，新人們被安排搭機至高處欣賞考愛山林區風景，並坐上離地10.5公尺高的大鞦韆，隨後一對對新人們雙雙十指緊扣，吊著鋼絲從70公尺高的瀑布頂端向下垂降，於懸崖上簽下結婚證書，象徵新人「情比石堅」；為了活動方便，新人都是穿著輕便的白色T-shirt與長褲，新娘頭戴頭紗手握捧花，展現出休閒親近大自然的婚禮樣貌。

懸崖吊鋼絲婚禮

資料來源：人妻nana的小天地部落格，2014。

◆「跳傘」主題婚禮

在國外跳傘婚禮已不稀奇，常見的是在跳傘的過程，牧師全副武裝為新人證婚的精彩畫面。

台灣第一對舉行跳傘婚禮的新人是國軍跳傘教官鄭清廉中校與馮秀英女士；民國48年從飛機上一躍而下，以跳傘拉開婚禮的序幕，兩人空降至屏東潮州空降場，空降後開心擁吻，親友與同袍們簇擁新人進入結婚禮堂。當時這場婚禮轟動國內外，美國美聯社、合眾國際社、美國星條報、哥倫比亞電視台及米高梅電視台等，皆派記者前來採訪報導。當年為籌備跳傘婚禮，新娘在教官們的協助下，利用士兵操課結束後抓緊時間練習，為了婚禮當天完美且安全的演出，新娘確實下了不少工夫，所有的動作都按照傘訓新兵進行。

跳傘婚禮
資料來源：人妻nana的小天地部落格，2014。

◆「飛行傘／滑翔翼」主題婚禮

　　飛行是人們長久以來的夢想，如今實現飛上天夢想的技術與方法越來越多元，從緊張的起飛，豁然開朗的飛行刺激感，到落地的踏實滿足感，飛行的魅力總是令人難忘。飛行傘與滑翔翼最大的不同點，在於飛行傘是以坐姿進行，滑翔翼則是面朝下的趴式飛翔，飛行傘是以空氣浮力移動，滑翔翼是以本身重心控制方向，無論是飛行傘或滑翔翼的主題婚禮，肯定是難忘又刺激的人生經驗。

　　由飛行傘鳥瞰山海風光、山壁、公路、沙灘、海上景緻一覽無遺，許多人會在沙灘寫上大大的「XXX，Marry Me!」或「XXX，I Love You！」等字樣，藉以向乘坐飛行傘的另一半求婚或表達愛意。飛行傘明亮鮮豔的顏色，是許多新人拍攝婚紗照的浪漫背景。

飛行傘／滑翔翼婚禮

資料來源：人妻nana的小天地部落格，2014。

◆「獨木舟」主題婚禮

　　喜歡獨木舟運動的情侶，不妨選擇共同喜好的「獨木舟主題婚禮」。婚禮當天，親友團站成兩排，高舉著手上的槳作為拱門，新人幸福地穿越其中，並在搖搖晃晃的獨木舟上，面對著遼闊的水上風光，許下「同舟共濟」的承諾，表達雙方進入婚姻生活的誓言與委身；然後划回岸邊，親友們快樂地朝獨木舟上的新人潑水，濺起的水花寓意「遇水則發」，祝福新人邁向美滿婚姻旅程。

獨木舟婚禮

資料來源：人妻nana的小天地部落格，2014。

◆「衝浪」主題婚禮

　　喜歡衝浪的情侶，「衝浪」主題婚禮舉辦，最適合和一群喜歡衝浪的同好們分享幸福。婚禮當天，親友們拿著色彩繽紛的衝浪板，在沙灘上一字排開列隊歡迎，新人趴上衝浪板，接著隨著波浪划離沙灘，隨即親友們也紛紛拿起自己的衝浪板，與會賓客在海中集合，並手拉手圍成一個圓圈，圍著證婚人與新人祝福。衝浪板上刻印著新人的婚姻誓言，在搖曳的海上許下共結連理的允諾，相互為對方套上一生的婚戒，新人親吻彼此後，即一起潛入海中，同行的親友們則拋出手中的花朵與拍擊水花，婚禮就此宣告完成；隨即新人展現衝浪的精彩與浪漫畫面，十足展現新人共同嗜好的主題婚禮。

衝浪婚禮

資料來源：人妻nana的小天地部落格，2014。

◆「潛水」主題婚禮

　　泰國擁有許多著名的渡假勝地，由於泰國的自然美景與環境優勢，衍生出各式各樣的主題婚禮，「潛水婚禮」是其中之一；泰國每年舉辦潛水集團婚禮的董里府，這個活動起緣於1997年，一對在當地參加珊瑚礁保育活動的男女，因為志趣相投而相識相戀，因此特別舉行潛水婚禮結為夫妻。

　　潛水婚禮歷屆都有數十對來自各國的新人共襄盛舉，所有新人在警察的前導引領遊行，並接受眾人的祝福，新人身上會被路人掛滿鮮花，接著舉行盛大的沙灘婚宴，並由新人攜手種植象徵富貴的橡膠樹。

　　活動第二天驅車前往海灣，先行下水禮；泰式傳統婚禮會由僧侶甚至皇室成員，於新人額前點上三點，代表祝福的印記，並給予新人活蚌代表祝福；若新人想請牧師證婚，可以邀請有潛水執照的牧師主持，與眾親友們一起潛水到海底，一同為新人獻上祝福。

　　這裡的潛水婚禮的結婚禮壇，設置在12公尺深的海崖之下，拿到的結婚證書，雖然無法律效益，對於參加潛水婚禮的每一對新人，卻是意義非凡。特別提醒新人的是——參加的新人均需受過正式潛水訓練，並取得潛水執照。

潛水婚禮

資料來源：人妻nana的小天地部落格，2014。

(五)「節約」主題婚禮

　　美國紐約一家專門從事廉價婚禮生意的網路公司為了宣傳「節約婚禮」的理念，號召有相同理念的新人，免費為他們在紐約唯一免費的豪華公廁內舉行一場簡樸的婚禮。穿著白色婚紗的新娘在父親陪伴下，伴隨著婚禮進行曲，沿著紅地毯緩緩步入廁所大門。除了地點讓人目瞪口呆外，另一個亮點就是當天新娘身上所穿的婚紗，這套華美的婚紗全部是用衛生紙製作，無袖V領的設計，作工精細，裙襬以花邊裝飾，與普通婚紗沒有任何區別；這樣的婚禮，既簡約又特別（參考C'EST BON金紗夢婚禮，2013；人妻nana的小天地部落格，2014）。

節約婚禮示意圖
資料來源：C'EST BON金紗夢婚禮，2013。

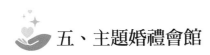

五、主題婚禮會館

　　2000年起台灣主題婚禮蓬勃發展後，主題婚禮企劃與執行，需要更專業與有經驗的企劃人員參與；因此，飯店具備宴客場地的優勢，除了成立婚禮企劃部門，增募婚企人員外，並重新改裝婚慶空間，增加相關先進設備。另有財團投入大筆資金，打造設備完善的婚慶會館，以因應主題婚禮市場需求。另外，具備寬敞空間與區位優勢的休閒農場或渡假村，適合舉辦戶外婚禮；因此，業者與婚企顧問公司合作，提供新人舉辦精緻浪漫主題婚禮的場所。

　　以下略舉說明台灣舉辦主題婚禮的婚宴會館、婚宴飯店及休閒農場等場所的設備與特色。

(一)婚宴會館

◆青青婚宴集團

　　青青食尚花園會館前身成立於1980年，1991年經營型態改變，成為擁有戶外泳池、高爾夫練習場及歐式戶外婚禮會館的複合式食尚休閒會館。

　　青青婚宴集團提供婚宴顧問／專案經理、美學設計、活動規劃、婚禮諮詢顧問、視覺美學設計、樂團DJ、婚禮控管執行、新娘造型彩妝、婚禮電影、場地規劃、婚卡設計、婚前派對、場地協尋、花藝裝置、婚禮儀式、餐宴設計、禮品設計、周邊活動、戶外婚禮、婚禮紀錄、婚禮課程等活動全功能婚禮顧問服務。目前是國內打造歐式婚禮的專業會館，具有桃園青青風車莊園及台北士林青青食尚花園會館兩個場地。

①台北青青食尚花園會館

　　台北青青食尚花園會館提供新人三大樂章之時尚婚禮：(1)迎賓茶會；(2)神聖觀禮；(3)創意婚宴。多年努力，已舉辦知名主題婚禮

包括：(1)費加洛教堂；(2)凡爾賽花園；(3)森林小熊；(4)夢幻蝴蝶；(5)星河燭光；(6)宮廷馬車；(7)Tiffany Blue；(8)池畔Villa婚禮；(9)Cosplay婚禮；(10)鎖住愛情婚禮；(11)櫻紅婚禮；(12)螢火蟲婚禮等創意主題婚禮。

台北青青食尚花園會館婚宴場所綜理表

名稱	說明
夏綠蒂庭園	以綠籬帷幕及高大的羅馬柱環繞周圍，抬頭即可見到藍天白雲，白頭翁在不遠處傳來佳音喜訊。入口處兩棵樹齡百年的迎賓樹隨風搖曳，花球柱精神抖擻地準備迎接即將入場的新人。耀眼的陽光從茂盛樹蔭葉隙間灑落，一旁溪水奔騰濺起白色水花，不停地發出清脆聲響，涼風、陽光、綠意、溪聲，交織成最愜意的庭園風情。  圖片來源：Erin Tsai的品味生活二三事，2013。
神木庭院	從入口直鋪至舞台的艷紅地毯，新人化身為受人愛戴的國王及姿態優雅的王后。賓客盡情地品嚐創意菜餚，分享新人浪漫時刻。席前在蒼翠神木群圍繞下的證婚儀式，以及戶外迎賓酒會，令新人及親友回味不已；室內戶外場地的靈活運用，新人的世紀婚禮顯得獨特而非凡，賓客留下深刻的浪漫記憶與感動。  圖片來源：甜mInt，異想生活 世界探險，2013。

（續）台北青青食尚花園會館婚宴場所綜理表

名稱	說明
凡爾賽花園	入口處的白色拱門停留一隻捎來喜訊的大蝴蝶，兩旁不時飄送陣陣花香，綿延至花園的綠草地。踏過鋪設在草地的白色石板，在神聖且浪漫的幸福花鐘下，許諾彼此的永恆誓言；賓客圍坐在大片綠色草地，見證難忘的甜美時刻。如同歐美電影般的庭園婚禮場景，凡爾賽花園受到許多新人的喜愛，歐式雕花拱門與幸福鐘塔聳立，倍感浪漫甜蜜。凡爾賽花園裡綠草如茵、花團錦簇，豔紅的、粉紅的、桃紅的各式花朵，隨四季變換彩衣，在時間流轉展現萬種風情。  圖片來源：甜mInt，異想生活 世界探險，2013。
星河池畔	藍天白雲倒映在清澈的星河池畔上，楓木搭成的情人橋橫跨泳池的兩側，小花童引領新人踏過情人橋走向證婚台，天空中飄揚著泡泡及迷濛的煙霧，營造時尚而浪漫的星河池畔，點點星光與水面波光相映，新人進場時展現如同巨星開唱的氣勢，華麗雍容的婚宴令賓客印象深刻。  圖片來源：（圖左）作者拍攝；（圖右）異想生活世界探險，2013。

（續）台北青青食尚花園會館婚宴場所綜理表

名稱	說明
星河池畔	 圖片來源：甜mInt，異想生活世界探險，2013。
費加洛花園	以神聖且浪漫的教堂婚禮儀式為主軸，親友祝禱新人得到美好幸福，在教堂前方草地上見證永恆的愛情，新娘拋出捧花給幸運的未婚姐妹淘。 純白的費加洛教堂，是台灣首座啟用的婚禮專用教堂，搭配戶外的觀禮草坪，彷彿參加House Wedding的浪漫。費加洛教堂，白牆搭配彩繪玻璃，典雅而聖潔，是許多婚紗業者、偶像劇及MTV取景場地。 費加洛教堂婚禮將新人夢想中的教堂結婚儀式及傳統的婚宴結合，既能滿足新人浪漫情懷，又能符合父母的期望。  圖片來源：（上圖左）作者拍攝；（上圖右，下圖）甜mInt，異想生活世界探險，2013。

資料來源：青青食尚花園會館，2016；網路照片；作者拍攝。

②桃園青青風車莊園

　　桃園青青風車莊園，擁有顯著的風車外型的後現代風格建築，融入新古典設計概念；7.5公尺的挑高空間，廣大的庭園搭配天然美景與夜晚的優美燈光，襯托莊園的優雅氣質，為賞景、品美食的浪漫庭園餐廳。主要經營項目包括：專業婚禮顧問諮詢&企劃、婚宴包套服務、尾牙春酒、大型活動&會議場地提供、台灣手創料理等。

桃園青青風車莊園婚宴場所綜理表

名稱	說明	
普羅旺斯廳	擁有寬闊的庭園景觀，在大自然芬多精渲染與松木平台，提供新人舉辦輕鬆的田園婚禮派對，與親友一同歡唱，共享美饌，讓歡笑聲傳於山林間迴響，與所有幸福天使一同分享喜悅。	
	圖片來源：幸福紀錄特派員，2016（阿杜攝影師提供）。	
	這裡打造專屬於每一對新人一輩子的浪漫回憶；由天光所鋪設的紅地毯，在幸福的氛圍中，新人緩緩走在青草樹影間，牽手走到愛情樹下；面對面，在親友們的見證祝福下，互許一輩子永恆堅貞的愛情箴言；如詩一般的神聖證婚儀式，完成每對幸福戀人心中的美夢。	
維也納廳	蝴蝶，象徵幸福的使者，代表福氣層層相疊、幸福綿延一生一世的意涵。而維也納蝴蝶舞出滿天的幸福，加持給每一對在這裡完成美夢婚禮的新人，花樹、蝶舞、微光，襯托出維也納廳高雅的氣質，聖美而高潔。	

（續）桃園青青風車莊園婚宴場所綜理表

名稱	說明	
巴洛克廳	內斂的金銀色調，烘托出巴洛克水晶燈的氣派，呼應著大片落地窗，招喚春暖花開，將幸福引入方正大廳；在古典的氛圍中，摩登的超大200吋LED電視牆播放新人的成長故事與浪漫愛情影像，展現後現代的華麗風情，賓客彷彿置身於古典貴族皇室婚禮情節。	
風車庭園觀禮區	將地中海風情的農莊婚禮，完整復刻在風車庭園。青草盎然的花香，藍天綠地四方環繞祝福，微風吹響浪漫的號角，指引每對戀人未來幸福；這裡有說不完的愛情故事天天上演，記載著每對新人的婚禮誓言，蒐集感動的幸福淚水。	

資料來源：青青食尚花園會館，2016；幸福紀錄特派員，2016（阿杜攝影師提供）。

◆典華幸福機構

　　典華幸福機構為近年來發展幸福婚宴的專業機構，除了積極增設相關婚宴設備外，並招募培訓婚禮產業相關專業人才，提供新人主題婚禮會場的多樣選擇。

①大直典華

　　2008年11月，典華旗艦館隆重開幕，以「五星級設備」與「六心級服務」，打造愉悅、時尚、奢華黃金城，金黃帷幕、玫瑰圖騰外觀，以十二樓層塑造五層「挑高」內部空間，十五款風情萬種主題，創新與傳統、激情與完美，成為大直商圈新地標，提供婚宴、會議專案、商務專案、記者會、產品發表會等舉辦場所，並吸引國際性商展及商業公關活動在此舉辦。

大直典華幸福機構婚宴場所綜理表

名稱	說明
廳房	
拾翠庭	杜甫「秋興八首」中，「佳人拾翠春相問，仙侶同舟晚更移」；天晴，通往戶外翠綠滿地，享受庭園怡然時光；天雨，透過絢麗帷幕後的迷濛窗櫺，欣賞詩畫般的細雨景致；廳內與庭外，處處拾翠可得。  圖片來源：幸福紀錄特派員，2015（阿杜攝影師提供）。
玫瑰庭	「玫瑰，即使你的名字不叫玫瑰，依然芬芳動人」。以玫瑰花為圖騰、氣勢磅礡的玫瑰中庭，賓客見證新人浪漫愛情的開花結果，並獻上誠心摯意的祝福。
璀璨廳	營造紫紅奢華時尚、雪白純淨浪漫的氛圍，賓客見證新人人生轉換階段的重要時刻；新人漫步紅毯的甜蜜時光，在水晶光纖唯美的氛圍中，沉浸幸福的憧憬。

（續）大直典華幸福機構婚宴場所綜理表

名稱	說明
藝廊廳	以沉穩的木色調搭配場景，以優雅精緻水晶燈為點綴，適合作為家庭聚會、小型會議場所使用。
金枝玉葉廳	象徵每對新人都是父母親呵護成長的矜貴金枝與玉葉，以金枝玉葉圖騰，描繪即將展枝生葉，以及結成壯大豐碩果實甜美的家園。
仙侶奇緣廳	成全王子與公主的浪漫童話，編織夢幻般的仙境，神仙眷侶令人稱羨。粉色系的古典氛圍，正如曼妙芭蕾的輕快風情。 圖片來源：幸福紀錄特派員，2016（阿杜攝影師提供）。
溫莎堡廳	英國倫敦泰晤士河畔的溫莎堡，為皇室中世紀至今的居所；英王在此舉行婚宴酒會，以核桃木與棕色交織的布景，呈現典雅古堡般的細緻溫馨氛圍，猶如英國貴族般的異國浪漫婚禮。

（續）大直典華幸福機構婚宴場所綜理表

名稱	說明
繁華廳／ 似錦廳	南海諺云「蛇珠千玫，不及玫瑰」；以玫瑰如星光般在周圍隱隱發光，以及金色系的底紋襯托玫瑰華麗風采，散發神秘暗藏光影幻化天頂的氛圍，彷如宮殿般的高雅奢華氣質。    
藏真廳	以紅白交映的典雅布景，結合永不凋零的青花紋飾，飄逸風雅的胎釉發色，展現景德鎮聲名遠播的瓷藝風華；金銀手工製的彩蝶天頂襯托，彷如置身富賈收藏的多寶閣。  
日出廳	以「Eos」曙光女神為發想。希臘神話中，描繪一天的初始在於Eos女神騎駕金色戰車，自深海奔馳而出之際；山巒錯落相疊，水氣在空氣中凝聚清新露珠，晨曦自巒間綻放柔和光芒曙光，宣告一天的初始；喻意新人攜手共度的開始。  

（續）大直典華幸福機構婚宴場所綜理表

名稱	說明
花田盛事廳	雁門關桃花萬紫千紅，有情人終成眷屬；正是美夢成真的時刻。以銀箔浮雕玫瑰裝飾於玻璃透光層次舞台，展現氣勢非凡的豪華空間，新人在千人見證祝福下，共譜永生永世姻緣曲目。

儀式堂

飛蝶圓頂禮堂	金色圓頂採光玻璃，翩翩舞蝶、時尚風華。旋轉的摩天輪、遙望的101、綿延的捷運線、蒼翠的山林，盡收眼底，見證新人一生的幸福。

圖片來源：幸福紀錄特派員，2016（阿杜攝影師提供）。

黃金飛瀑禮堂	從天而降的水流，從地而生的誓言，幸福的鐘聲，應和眾人的祝福，進行聖潔的愛情見證。

（續）大直典華幸福機構婚宴場所綜理表

名稱	說明
愛的拱門禮堂	法拉利紅的火熱之心，高挑鮮明，波浪交錯，如心跳般的舞動韻律，映照新人的忠貞愛情。
圓心禮堂	純白色的圓弧，象徵結婚的美好，碧綠色垂墜而下的拉簾，象徵婚姻的美好生命價值；白與綠的搭配，彷如新人完美的融合。
特殊設備禮堂	
升降星光大道	於婚宴中央可自由升降60公分的高度，在星光大道上進場，從廳房內任何角度都能清晰觀賞，燈光灑落在新人身上，親友為新人見證幸福時刻。
彩虹階梯	每層台階閃耀不同顏色的光芒，現場賓客的目光全都集中在彩虹階梯，無論是新人的進場，或新郎愛的表達，或踏在層層階梯的動作或神情，隨著燈光的變化，牽動所有人的感動情緒。

（續）大直典華幸福機構婚宴場所綜理表

名稱	說明
幸福鉛錘	架設於廳房頂部，可以隨著婚宴的氣氛或新人的喜好，調整會場布置，懸掛贈送賓客的貼心小禮物，營造隨著從天而降的驚喜；將幸福分享給現場賓客，打造廳房為客製化的幸福空間。
升降蛋糕舞台	隨著婚宴的不同需求，自由升降的三層蛋糕舞台，位於廳房的最前方，蛋糕舞台配套最夢幻的輔助設備，提供新娘拋捧花、新人彼此訴說誓言，或新人想拍攝婚紗照的場景。

資料來源：典華幸福機構，2015；幸福紀錄特派員，2015（阿杜攝影師提供）。

②新莊典華

　　新莊典華婚宴會館，沿襲「典華旗艦」精彩又貼心的設計，擁有主題廳房、特殊硬體設備、儀式堂及完整套裝婚禮服務。「新莊典華」建築外觀有長達上千米的光纖，直接照射在純白又亮眼的牆面，無時無刻都在變化且閃爍著無盡的色彩光芒。內部裝潢採用新穎主題設計與幸福典禮概念，宴會硬體設備更加完整、豐富，將原創婚禮更加進化。

新莊典華婚宴場所綜理表

名稱	說明
廳房	
風尚廳	展現名人雅士閒情逸致，君子之交相敬如賓，簡約風尚與現代時尚交融，典雅大方不失細膩的氛圍，提供超脫凡俗的視覺與空間享受。 
紅幔廳	以「鸞鳳和鳴兮珠聯璧合，百年好合兮鴛鴦比翼」為發想。喜慶的紅幔代表愛情的連 延纏綿，宣示皇家囍事的吉祥如意、嫣紅紗縷、丹紅布幕，緋紅相輝映，滿足新人永結連理的幸福時刻。
亞瑟廳	吟遊詩人傳頌關於英格蘭傳說中的國王，率領圓桌騎士團統一不列顛群島，被後人尊稱為亞瑟王，「忠貞不二，信守諾言」；在圓桌武士的誓言下，相知相戀的佳偶，共譜永生幸福傳奇。

（續）新莊典華婚宴場所綜理表

名稱	說明
伊麗莎白廳	執子之手，與子偕老，從相識到相伴扶持；走入婚禮的新人，猶如伊麗莎白女王，擁有不滅的愛情；在新人步入禮堂那一刻，開啟幸福旅程。
愛丁堡廳	愛丁堡為歷史悠久的文化古城，擁有無與倫比的風景。作家讚嘆愛丁堡：「沒有比這裡更適合稱為王國首屈一指的地方，沒有比這裡更高貴迷人的景色。」新人置身英倫貴族的浪漫異國城堡，彷如穿越時空，成為古堡婚禮的主角。
紫艷好事廳	以象徵浪漫真情、珍貴獨特的紫玫瑰，以及象徵清純愛情、敦厚善良的藍玫瑰為圖騰裝飾。神聖婚禮進行曲響起，新人踏上甜蜜感動旅程，投入守護永恆愛情的玫瑰花朵氛圍，展現優雅高貴紫藍色的都會時尚浪漫婚禮。

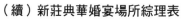

（續）新莊典華婚宴場所綜理表

名稱	說明
世紀廳	「世紀」發音雷同「四季」，有季節輪替、生氣蓬勃意涵，意味著一年四季在此舉辦盛大典禮，展現華麗的巴洛克藝術氣質，以及愛情結盟，記錄創世紀的盛典。
儀式堂	
光廊禮堂	離天空最近的走廊，是精靈沐浴自然光的秘境，陽光輕巧步伐隨著圓舞曲恣意婆娑起舞，套上誓言之戒的新人，從此被幸福守護。
黃金盒子禮堂	天神宙斯珍藏的金色寶盒，陽光反射在金黃色寶盒，散發萬丈光芒，廳堂展現馳騁天際的金光貴氣，隱喻黃金永不變質的特性，見證永恆的愛情。

資料來源：典華幸福機構，2015。

◆那米哥宴會廣場

　　Lamigo宴會廣場（薇庭企業股份有限公司）是La New集團旗下的子公司，La New不單只是台灣知名的鞋業品牌，2007年正式加入專業宴會餐飲行列。La New提供全方位的婚禮規劃，具備美景、佳餚、衛生及公道的創新主題宴會場所。

　　Lamigo那米哥宴會廣場擁有五星級豪華新娘房，為每對新人打造專屬的20坪超大休息室，每間呈現不同的甜美風格，並配置客廳、梳化間及洗手間。客廳擺放超大螢幕電視櫃及特別訂製的童話風沙發桌椅，提供探房親友們自在地交談合影的空間；梳化間備有超大化粧鏡台及禮服衣架。Lamigo宴會廣場，提供新人設備齊全的多功能宴會廳，先進的投影及音響設施，以及彈性多元化的靈活布局，配合專業宴會策劃人員的意見和安排，協助新人籌劃獨特而精彩的宴會、會議與派對，以及更多的創意可行性的活動。

那米哥宴會廣場設施綜理表

「玉盟／花嫁／同心」新娘房

（續）那米哥宴會廣場設施綜理表

「美滿／幸福／甜蜜／典藏／摯愛」新娘房

雲朵梯

（續）那米哥宴會廣場設施綜理表

薇庭廳

牡丹廳

（續）那米哥宴會廣場設施綜理表

芙蓉廳

百合廳

（續）那米哥宴會廣場設施綜理表

榮華廳

富貴廳

（續）那米哥宴會廣場設施綜理表

如意廳

資料來源：那米哥宴會廣場，2015。

(二)婚宴飯店

現代新人舉辦婚禮，許多新人仍選擇五星級飯店，除了五星級飯店的知名度外，五星級飯店多位於交通方便區位，以及具備住宿設施等優勢；因此，新人若決定在好日子結婚，仍需提前向飯店預訂。以下列舉五星級飯店婚宴場地特色，說明如次。

◆ 台北君悅酒店

台北君悅酒店，具備五星級的豪華場地及專業服務，提供為新人打造心目中理想婚宴的服務；從30人起的精緻小型派對場地，至可容納1,200人的華麗婚宴；台北君悅酒店能依據不同的宴會需求，彈性安排場地空間，例如可容納66桌（每桌12位）無樑柱設計的凱悅廳，婚禮活動前，可在其寬敞的接待區域，舉辦雞尾酒會。

此外，以寓宅式為設計概念的君寓（君寓I、君寓II、君寓III），擁有自然的採光設備，是台北都會獨特的宴會場地，鄰近的開放式廚房及開放式吧台區域，提供與會者別出心裁的宴會體驗。

台北君悅婚宴廳綜理表

名稱	說明
凱悅廳	台北君悅豪華氣派的凱悅廳，是政商名流舉辦各型宴會的首選場地；偌大的空間（1,021平方米）；可容納多達1,200人的大型雞尾酒會；設有迎賓接待區的凱悅廳，富麗的面貌與全方位的服務品質，打造品味卓然、融合聲光科技的新宴會場域，帶給與會者不同凡響的驚喜與感動。凱悅廳的空間卓然出眾，挑高嵌銀木門，大地色系的色調，打造品味獨具的高質感氛圍，一反傳統式的吊燈，典雅高貴的水晶雕塑環型燈，將冰晶藝術品，照亮整個廳堂；周圍壁面以圓型鏡面環繞頂飾，增添高雅氣息，感受優雅非凡的氣派。 
君寓	君寓擁有寓宅式設計概念，是多功能的時尚宴會場所。座落於台北君悅酒店東側大廳，超過500平方米、獨具都會風格的活動空間，具備完備的宴會設施，以及先進視聽通訊設備；是跨國企業的高階商務會議、社交宴會、精品發表會、雞尾酒會及婚宴等活動舉辦場域。君寓I，融合品味與當代創意的舒適空間，是舉辦慶祝活動、婚宴、文定、雞尾酒會及私人宴會的最佳場所（320平方米／可容納至多210位賓客）。君寓II，具時尚藝術居家氛圍的設計，多樣精緻化的中西式餐飲，是舉辦高階商務午餐會議或私人宴會的首選（100平方米／可容納40～60位賓客）。君寓III，當代雅致的設計，可依活動需求，結合開放式廚房，提供賓客舉辦小型派對、婚宴等宴會活動場域（56平方米／可容納40位賓客）。 

（續）台北君悅婚宴廳綜理表

名稱	說明
凱寓	凱寓，是舒適雅致的宴會及會議場所，所附屬的戶外露台，是獨特別緻的宴會空間，可遠眺台北101，適合舉辦各式產品發表會、酒會、婚宴或私人慶祝聚會（471平方米／可容納至多60位賓客）。
宴會廳	台北君悅酒店內8間獨具風格的宴會會議廳，擁有先進的視聽通訊及網路設備；專業的服務團隊，精準籌劃活動細節，掌控每一場活動順利成功地精采呈現。

資料來源：台北君悅酒店，2016。

◆ 台北文華東方酒店

　　文華東方酒店（Mandarin Oriental），由香港到倫敦，具備超過40年的婚禮傳承經驗。台北文華東方酒店，提供相同的服務禮遇；結合國際級的豐富經驗，為新人夢想中的浪漫婚禮，提供真實的幸福體驗。

　　台北文華東方酒店，擁有專業的婚宴策劃團隊，協助新人籌備婚禮大小事宜；從鮮花到餐飲服務、禮服及蛋糕等，提供最佳的婚禮建議。

台北文華東方婚宴場所綜理表

名稱	說明
大宴會廳及文華廳	寬敞氣派的迎賓區，可容納350位賓客，呈現恢宏大器的宴客氛圍。挑高7.3米的大宴會廳，占地290坪，全區無樑柱的空間設計，至多可容納78桌。卓越非凡的格局與典雅輝煌的設計，提供無與倫比的極致體驗，無論是華麗的晚宴或璀璨的婚禮，展現高雅奢華的品味。挑高4米的文華廳，占地150坪，可容納35桌；雍容風華、優雅綺麗的風格，締造格外浪漫溫馨的婚宴。氣派非凡的宴會廳專屬車道，提供豪華禮車直接抵達場地入口，讓新人與賓客感受無比的尊榮。所有宴會場地備有先進的影音視聽設備，為婚禮製造絕佳的聲光效果。 
文華閣	文華閣位於酒店8樓，挑高21米圓頂造型，容納140位賓客；擁有絕佳的自然採光，唯美柔和紗幕，搭配優雅細緻的歐式雕花牆面，是舉行婚禮儀式的最佳場地。賓客可於文華閣旁，歐式庭園風格的羅芙花園舉辦雞尾酒會；為新人貼心設計的花嫁閣，提供新人舒適的梳妝更衣空間。   
芳療中心	是婚禮前放鬆身心的最佳場所，提供美體護膚服務，由專業的芳療團隊從旁協助，讓新娘在大喜之日成為最完美的女主角。 

資料來源：台北文華東方酒店，2016。

台北文華東方酒店婚宴

資料來源：樂思攝紀工作室，2015（林宗德攝影師提供）。

◆ 花蓮理想大地渡假飯店

　　位於花蓮縣壽豐鄉的理想大地渡假飯店，具備為新人量身企劃浪漫專屬的婚宴場所；提供新人完整及便利周全的服務；例如佛朗明哥的熱情開場、西班牙騎士的迎賓陣仗，以及如置身南歐莊園的化妝派對，營造賓客沉醉西班牙熱情的宴會藝術。理想大地渡假飯店的婚宴場所，為新人布置浪漫情境的接待區、典藏理想浪漫紀念簽名簿、專屬婚宴花藝設計、主題舞台設計、先進聲光影音設備、婚禮專屬VIP接待、新娘休息室、創意婚禮蛋糕、婚宴香檳塔、宴客茗茶醇酒、精製迎賓送客喜糖等；為花東地區的新人，提供精緻浪漫的婚宴場域。

理想大地渡假飯店婚宴場所綜理表

名稱	說明
安達魯西亞宴會廳	可容納50～600人，是舉辦展覽、教育訓練、國際級會議的絕佳場地；融合西班牙建築風格及十字軍東征裝飾藝術，挑高5米的無廊柱空間寬敞氣派，大型藝術水晶燈、仿造葡萄牙總督府的厚重大門，展現磅礴氣勢。大廳的古銅戰馬、地中海國王椅等復古藝術珍藏，充滿優雅人文氣息。 
風味廳	全台獨家以書法揮毫、拓印中國名人雅士的詩詞於天花板，充滿東方內斂的藝術氛圍；展現豪放不羈、剛勁逸麗的揮毫氣勢。 
戶外綠地	戶外擁有2.2公里應許河、廣闊大草原、3座島嶼泳池、生態公園等，占地25公頃；提供跳脫傳統會議色彩的空間。偌大的理想花園，每一處都是浪漫場地，婚禮企劃師與新人發揮想像力及精心策劃，就能創造獨特浪漫的創意婚禮；例如應許之河的運河婚禮、小島花園婚禮、地中海池畔婚禮BBQ、安達魯西亞草原區庭院婚禮等，讓新人留下永生難忘的珍貴記憶。 

資料來源：理想大地渡假飯店，2016。

(三)休閒農場婚宴場地

近年來許多新人選擇休閒農場舉辦婚禮，提供方便提早抵達婚宴場所的賓客，享受清幽的戶外空間環境。

◆ 南投楓樺台一渡假村（台一生態休閒農場）

位於南投縣埔里鎮的楓樺台一渡假村，具備婚宴顧問團隊，擁有專業的素養與最熱忱的服務，提供獨特專屬的婚宴規劃設計，策劃新人在戶外楓雲廣場許下終生幸福誓約，譜寫永恆的定情曲；為新人營造迎接人生中最浪漫的幸福時刻。婚宴顧問團隊將夢幻的花園酒會與宴會廳結合設計，帶領新人進入夢幻的花園故事中，讓婚禮充滿想像與無限可能，留給新人最甜美的回憶與永恆。

楓樺台一渡假村，擁有挑高13米落地窗設計，引進熱帶雨林植物布置的綠色宴會廳，備有三幅200吋投影布幕、璀璨耀目的水晶吊燈、國際級燈光音響、羅馬花柱、紅地毯、主桌藝術鮮花、舞台等設備，360度環場視覺享受，同步見證新人永恆的愛情。

南投楓樺台一渡假村（台一生態休閒農場）設施綜理表

楓樺台一渡假村（台一生態休閒農場）

（續）南投楓樺台一渡假村（台一生態休閒農場）設施綜理表

南方花園群芳廳

文定場地：提供男方赴女方家下聘→奉茶→雙方交換信物（戴戒指）→祭祖→宴客

（續）南投楓樺台一渡假村（台一生態休閒農場）設施綜理表

新娘休息室

浪漫戶外證婚場地

（續）南投楓樺台一渡假村（台一生態休閒農場）設施綜理表

婚宴布置：客製化玫瑰紅毯、氣球拱門、萬眾矚目伸展台、客製化獨特花拱門

客製化香檳杯、楓樺紅酒、紫晶紅酒、千萬音響燈光秀

資料來源：楓樺台一渡假村（台一生態休閒農場），2016。

◆雲林九九莊園文化創意休閒園區

　　位於雲林縣斗六市的九九莊園文化創意休閒園區，擁有天然的生態農場、玻璃屋景觀餐廳、澄澈乾淨的映月池、生態溼地，以及DIY知性學習空間、多樣的昆蟲區與可愛動物區，園區自然而綠意盎然的自然景觀，適合新人舉辦浪漫的歐式戶外主題婚禮。

雲林九九莊園婚宴設施綜理表

戶外證婚：戶外婚禮的特色最適合在宴會前舉辦小型的Party，讓親友共同見證新人的愛情宣言。 	花田囍事婚宴館：外觀由植生牆打造，充滿愛情的魔法屋，當陽光透過玻璃屋灑落時，賓客都感受到新人的幸福與喜悅。 
幸福九九婚宴館：是以教堂設計為靈感的宴會館，簡約優雅，充滿濃郁異國風情，是嚮往歐洲夢幻白色婚禮的新人，展現獨特品味的宴會場地。 	

資料來源：九九莊園，2016。

九九莊園婚宴照

資料來源：森森影像工作室──婚攝森森，2016（王森森攝影師提供）。

Chapter

2

主題婚禮的新娘婚紗

結婚當天新郎為新娘掀起頭紗，成為東西方婚禮過程重要的儀式。新娘的頭紗予人純真、含羞與浪漫的情懷，更具有聖潔的意涵。新娘婚紗受到東西方文化的影響與融合，新人不再侷限在特定色彩、造型與材質等形式，伴隨現代新人需求的主題婚禮興起，更賦予新娘婚紗設計更多的創意發想。

一、婚紗由來

婚禮活動為人類發展歷史的重要儀式，但新娘婚禮中穿上白色婚紗的歷史卻不到兩百年時間。1499年法國路易十二與安妮・布列塔尼的婚禮上，新娘的結婚禮服是第一次有文獻記載的婚紗。

西方19世紀以前，少女們出嫁時所穿的新娘禮服，並沒有統一顏色規格。新娘穿著白色的婚紗，可追溯至1840年英國維多利亞女王的婚禮。當時女王穿著白色婚紗，拖尾長達18呎，官方照片被廣泛刊登，影響不少新娘希望穿著類似的婚紗。而新娘穿著下襬拖地的白紗禮服，來自於天主教徒的典禮服；由於古代歐洲一些國家是政教合一

維多利亞女王婚紗示意圖

資料來源：C'EST BON金紗夢婚禮，2013；BeautiMode創意生活風格網，2014。

的國體，人們結婚必須到教堂接受神父或牧師的祈禱與祝福，才能算正式的合法婚姻。所以，新娘穿上白色的典禮服，向神表示真誠與聖潔。從此，白色婚紗便成為一種正式的結婚禮服，這項傳統一直流傳至今。

甜蜜小故事──全世界第一件婚紗

16世紀的歐洲，愛爾蘭皇室酷愛打獵，在一個盛夏午後，皇室貴族們帶著獵槍，騎著馬和成群的獵兔犬在愛爾蘭北部的小鎮打獵，巧遇在河邊洗衣的蘿絲小姐。理查伯爵頓時一見鍾情，被蘿絲小姐的純情和優雅氣質深深吸引；蘿絲小姐也對英俊挺拔的理查伯爵留下深刻的愛慕之意。狩獵返回宮廷的伯爵徹夜難眠，於是鼓起勇氣在當時封建社會，提出迎娶出生於農村的蘿絲小姐的念頭。皇室一片譁然，並以堅決捍衛皇室血統而反對。

由於伯爵的堅持，讓皇室感到憤怒。為了讓伯爵死心，皇室提出一項似乎不可能實現的苛求；希望蘿絲小姐能在一夜之間縫製長度必須符合從愛爾蘭皇室專屬教堂的證婚台前至教堂大門的白色長袍。為了達成皇室的苛求，蘿絲小姐和整個小鎮的居民們徹夜未眠，共同合作；居然在天亮前完成精緻且設計線條極為簡約且具皇家華麗氣質的16米白色聖袍。當這件白色聖袍於次日送至愛爾蘭皇室時，皇家成員深受感動，終於在愛爾蘭國王及皇后的允諾下，理查伯爵與蘿絲小姐完成了童話般的神聖婚禮。

 ## 二、婚紗類型

新娘憧憬在婚禮上能成為注目的焦點；因此，最需要一件適合自己的婚紗。挑選婚紗，需掌握婚紗的特色是否適合新人的特質，例如婚紗顏色、款式與材質等，以及是否與新人的體型、膚色與氣質等搭

配；因此，瞭解婚紗類型特色，為挑選婚紗重要的關鍵。新娘可先瞭解婚紗材質及特性，挑選最適合自己特質的婚紗，在婚禮當天展現新娘最完美的整體造形。

　　一般而言，婚紗類型可依：(1)婚紗風格；(2)婚紗材質；(3)婚紗裙襬；(4)婚紗領型；(5)婚紗腰線等分類。

(一)依婚紗風格分類

　　依婚紗風格之婚紗類型大致可分為：(1)甜美公主風；(2)華麗宮廷風；(3)簡約氣質風；(4)優雅飄逸風；(5)復古經典風；(6)復古旗袍風等禮服。

◆甜美公主風禮服

　　通常以蓬裙款為主，大多採用歐根紗（Organza）為主要材質。因質地較硬、支撐性佳，容易塑造夢幻、浪漫的公主風格。

甜美公主風示意圖

資料來源：森森影像工作室—婚攝森森，（左圖）2015、（右圖）2014（王森森攝影師提供）。

◆華麗宮廷風禮服

多以繁複的刺繡、手工珠繡及寶石亮鑽等華麗裝飾品點綴，婚紗主要材質為蕾絲（Lace）及洋緞（Duchess Satin）為主；大面積蕾絲的精巧繡工散發優雅的宮廷風，而洋緞表面光澤強，在燈光下可展現婚紗的華麗氣勢。

華麗宮廷風示意圖

資料來源：樂思攝紀工作室，2016（林宗德攝影師提供）。

◆簡約氣質風禮服

多以塔夫綢（Taffeta）、仿絲／紡絲（Silk-like Fabric）或蕾絲為主，強調以簡單的剪裁帶出身體線條；較少多餘的裝飾，展現簡約風格。

簡約氣質風示意圖

資料來源：（左圖、右上圖）樂思攝紀工作室，2016（林宗德攝影師提供）；（右下圖）森森影像工作室—婚攝森森，2015（王森森攝影師提供）。

◆優雅飄逸風禮服

多以蕾絲及雪紡（Chiffon）輕柔的材質為主，其面料輕薄，極具飄逸感，呈現浪漫輕盈的感覺。

優雅飄逸風示意圖

資料來源：樂思攝紀工作室，2016（劉宜芳攝影師提供）。

◆復古經典風禮服

採用蕾絲或真絲（Real Silk）為主要面料，蕾絲為古典婚紗的象徵，優雅的繡花創造出經典、低調而簡單的美感。

復古經典風示意圖

資料來源：森森影像工作室──婚攝森森，2015（王森森攝影師提供）。

◆復古旗袍風禮服

　　旗袍是中國傳統的服飾，具悠久的歷史文化。旗袍經常是新人拍婚紗照不可缺少的禮服造型之一。

復古旗袍風示意圖

資料來源：（左圖）樂思攝紀工作室，2016（林宗德攝影師提供）；（右圖）幸福紀錄特派員，2016（阿杜攝影師提供）。

(二)依婚紗材質分類

　　婚紗予人精緻典雅的氣質，除了造型雅致、色彩夢幻外，所選用之綢緞、雪紡紗、蕾絲、網紗、全真絲等材質，成就婚紗禮服高貴純雅的印象。

◆綢緞面——華麗簡潔

　　特有色澤的質感增添婚紗的華麗感，既適合簡潔時尚的款式，也能打造出大氣華貴的韻味；可應用於許多經典的款式。其面料特有的厚度可塑性強，垂感好，加上褶皺等設計更容易掩飾身材上的缺陷，特別適合做出A字型或魚尾款等線條感強的婚紗（參考10塊錢部落格，2015；Julie Make-up & Hairdo Artist, 2013）。

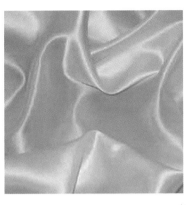

綢緞面婚紗示意圖

資料來源：（左圖）10塊錢部落格，2015；（右圖）森森影像工作室─婚攝森森，2014（王森森攝影師提供）。

◆ 雪紡──飄逸清透

　　雪紡紗是女人展現柔美的一種布料，是婚紗常用面料中較為飄逸輕透的材質。雪紡紗可以呈現浪漫飄逸、輕盈的感覺，有絲的柔性和紗的質感，觸感柔軟，可做出自然褶皺效果，非常適合製作夏天結婚的新娘禮服。

雪紡婚紗示意圖

資料來源：（左圖）10塊錢部落格，2015；（右圖）樂思攝紀工作室，2016（林宗德攝影師提供）。

◆蕾絲──輕透細膩、古典浪漫

　　蕾絲予人古典細緻感覺，為婚紗設計常見的材質；有提亮整件衣服、吸引別人視線的效果。蕾絲花邊或蕾絲裙襬經常應用於婚紗設計，予人輕透細膩、若隱若現的視覺效果，是眾多女孩子表達浪漫氣質的首選。近年來，設計師們嘗試應用蕾絲作為大面積婚紗的材質，使用在肩部、腰部，甚至整條裙襬的最外層，隱約露出皮膚和內層面料，搖曳婉約；再加上輕薄的材質和凹凸不平的觸感，提升婚紗的高貴感和品味感，並散發著淺淺的性感。全蕾絲婚紗的造價相對較高，搭配良好的繡工和精巧的設計，無論是花邊或裙襬點綴，有畫龍點睛的效果。

蕾絲婚紗示意圖

資料來源：（左上圖）10塊錢部落格，2015；（左下圖、右下圖）樂思攝紀工作室，2016（林宗德攝影師提供）。

◆網紗——輕柔飄逸

網紗質感輕柔飄逸，能夠展現浪漫朦朧的美感，可應用為主要面料，也可作為輔料應用在局部。網紗可應用多層層疊手法製作出蓬鬆公主裙，網紗的輕薄最適合做頭紗裝飾，可配以蕾絲或花朵裝飾，讓頭紗更加出色。

網紗婚紗示意圖

資料來源：（左圖）10塊錢部落格，2015；（右上圖、下圖）樂思攝紀工作室，2016（林宗德攝影師提供）。

◆歐根紗（柯根紗）——硬挺密實、硬朗明媚

歐根紗又名柯根紗，有透明和半透明質地的輕紗；價格不菲，但是質感輕盈，有支撐感且紋理密實、手感稍微硬挺的材質；多用於覆蓋在緞布或絲網上面，適用於新娘所喜愛的公主蓬蓬裙；硬挺的內襯加上兩到三層的歐根紗，讓婚紗整體更挺立，製作出蓬型挺立的效果，呈現出浪漫的公主氣息。可大面積作為主材質使用，裡層可覆層緞面以達到最佳效果。法國設計師所設計的婚紗很多都用這種材質（參考10塊錢部落格，2015）。

歐根紗婚紗示意圖

資料來源：（左上圖）10塊錢部落格，2015；（右上圖）森森影像工作室—婚攝森森，2015（王森森攝影師提供）；（下圖）樂思攝紀工作室，2016（林宗德攝影師提供）。

◆仿絲（紡絲）──光鮮俐落

　　仿絲（紡絲）又稱人造纖維，是質地十分「挺」的面料，適合用在設計簡潔的婚紗款式。硬挺的面料加上合理的剪裁，可以達到良好的修飾身形效果。略微豐盈的新娘，可以選擇這類材質的簡潔設計婚紗款，尤其是選用仿絲（紡絲）面料後腰部和臀部的設計，避免繁瑣凌亂的裝飾，簡單順暢就可以突出紡絲的優點。因此，這類材質的婚紗價格實惠，也是受大眾喜歡的原因之一（參考wedding day，2013）。

仿絲婚紗示意圖

資料來源：（左圖）10塊錢部落格，2015；（右圖）森森影像工作室—婚攝森森，
2015（王森森攝影師提供）。

◆ 全真絲──高貴典雅

　　真絲面料既雍容華貴，又輕盈透薄。真絲的質感貼合皮膚溫潤順
滑，能展現新娘的高貴感；但相對地，全真絲的婚紗較其他元素的婚
紗來得「嬌氣」，在保養和選擇上需十分注意，清潔工作需要在專業
清洗店進行，否則會影響真絲的質感（參考wedding day，2013）。

全真絲婚紗示意圖

資料來源：（左圖）10塊錢部落格，2015；（右圖）森森影像工作室—婚攝森森，
2015（王森森攝影師提供）。

◆洋緞——溫柔窈窕

　　洋緞面料溫潤亮麗，表面光澤感強；應用簡單的剪裁便可以體現十足的女人味。若再搭配婚禮上柔和的燈光和完整妝容，新娘將成為全場的目光焦點。如果選擇洋緞質感婚紗，可以搭配簡潔盤花和短巧頭紗，露出頸部曲線，這樣的造型對於高挑修長的新娘十分適合。洋緞面料與其他面料的混合拼接應用也很多，這種拼接使得婚紗質感豐富，更容易體現婚紗的精美細節（參考wedding day，2013）。

洋緞婚紗示意圖

資料來源：（左圖）10塊錢部落格，2015；（右圖）森森影像工作室——婚攝森森，2015（王森森攝影師提供）。

◆塔夫綢——光滑柔軟

　　一般用塔夫綢製作的婚紗，裝飾的元素較少，所以讓人覺得這類元素的婚紗較素雅；其實塔夫綢能夠將「抓皺」的效果表現得淋漓盡致，非常適合應用在簡潔時尚的直身、魚尾款、希臘式直身款婚紗，或者裝飾簡單的宮廷式婚紗。此外，塔夫綢的光澤感，在製作禮服上常被廣泛應用，透過不同的燈光和不同角度的視覺效果，產生顏色的變化；因此，被稱為「變色龍」；塔夫綢質厚卻輕飄的特質，適合夏季新娘的婚紗選擇（參考wedding day，2013）。

塔夫綢婚紗示意圖

資料來源：（左圖）10塊錢部落格，2015；（右圖）森森影像工作室─婚攝森森，2015（王森森攝影師提供）。

(三)依婚紗裙襬分類

婚紗禮服的設計，除了造型與材質應用十分重要外，婚紗裙襬可修飾新娘身形，並能呈現婚紗禮服的浪漫感、性感、俏麗感或時尚感。婚紗禮服裙襬大致可區分為：(1)A-Line禮服；(2)窄合身裙禮服；(3)小蓬裙禮服；(4)大蓬裙禮服；(5)短裙禮服；(6)魚尾裙禮服；(7)改良式旗袍禮服；(8)直筒裙禮服；(9)高腰線禮服；(10)拖尾裙禮服；(11)前短後長禮服等類型。

◆ A-Line禮服

A-Line禮服，是源自於時裝剪裁，上身合身剪裁，貼合胸線、腰線延伸，直至腰際後開始向下展開，形狀猶如「字母A」，能延伸身形曲線；強調線條感、俐落感，上身展現女性曲線，下身修飾臀部、

A-Line禮服示意圖

資料來源：樂思攝紀工作室，2016（林宗德攝影師提供）。

腿部；適合任何身形新娘，出席任何婚宴會場都非常適合。近幾年很流行A-Line的禮服，簡單自然又清新，穿起來很優雅的款式。

◆ 窄合身裙禮服

窄合身裙禮服，類似A-Line與魚尾裙款式，採用中式旗袍與西式合身裙設計改良，貼合女性曲線包覆流線優美的線條，表現俐落簡潔效果、性感時尚的氣質。高級絲緞禮服的材質柔軟，會緊貼身材曲線，無法修飾身材；因此，屁股沒肉的新娘不太適合穿窄合身裙禮服；反之，骨盆或下盤比較大、扁身、身線明顯、立體的新娘，較適合此款禮服。如果新娘真的很渴望穿上這種款式的禮服，可以挑選較硬挺的材質。

窄合身裙禮服示意圖

資料來源：樂思攝紀工作室，2016（林宗德攝影師提供）。

◆小蓬裙禮服

　　小蓬裙禮服，通常稱為大A-Line，是最傳統的婚紗裙型，屬於新娘婚紗的原型，具貴族的雍容華貴感、氣勢十足，被視為最聖潔的婚紗款式。上身合身剪裁，從髖骨開始設計180度的半球型裙體，因裙身類似雨傘，又稱傘裙。適合任何身形新娘，可讓身材看起來勻稱；為了提升蓬度，會加入襯裙在裙裡。

小蓬裙禮服示意圖

資料來源：樂思攝紀工作室，2016（林宗德攝影師提供）。

◆大蓬裙禮服

　　大蓬裙禮服，特色是禮服內層須穿蓬裙；坐在地上展開時，會形成很漂亮的圓形。大蓬裙禮服華麗又大器，同時予人夢幻與可愛的感覺，新娘彷如從童話故事裡走出來的公主。除了太高或太壯的新娘不適合之外，這種款式禮服幾乎是每位新娘的最愛；修飾度高，裙襬的樣式豐富，可以很華麗、甜美，展現氣質與夢幻感，也可以很時尚。由於大蓬裙禮服的體積比較大，重量比一般禮服重，較嬌小的新娘會有一種撐不起來的感覺，較不適合穿大蓬裙禮服。

大蓬裙禮服示意圖

資料來源：樂思攝紀工作室，2016（林宗德攝影師提供）。

◆短裙禮服

　　短裙禮服，是長度不超過膝蓋為主的短版婚紗；最合適的裙襬長度大約是大腿的一半，應用輕盈感的層次設計裙身，特別適合小腿修長或腿型漂亮的新娘。短裙禮服造型風格活潑俏麗，具時裝感，方便移動，是西方新娘進行結婚註冊時的首選禮服款式；相對大部分的拖尾婚紗中，反而更加吸睛與亮麗。短裙禮服有多種款式選擇，例如前短後長的短裙禮服、小蓬裙的短裙禮服等，穿起來除了腿型漂亮，更能展現性感氣質。

短裙禮服示意圖

資料來源：森森影像工作室—婚攝森森，2016（王森森攝影師提供）。

◆ 魚尾裙禮服

　　魚尾裙禮服設計，由胸口貼合至臀部下以傘狀展開，從上半身至小腿，完全貼合身材曲線，裙襬設計由小腿下方展開，如流水般柔美曲線，卻又不失張力，是非常性感的婚紗裙型；因為材質和長度的差異，同時能夠展現童話感的奇異幻想。這種款式的禮服特別適合臀圍和胸圍差距沒超過兩吋，和臀線在身高一半以上的新娘，最能突顯女性曼妙的曲線。魚尾裙禮服適合身材曲線很分明、腰部纖瘦、圓柱身形的新娘；腰部有贅肉或是臀部曲線不好看的新娘，不太適合魚尾裙的禮服。魚尾裙禮服比較不好走路，穿魚尾裙的禮服，走路以直線交叉的方式才能走出屬於魚尾裙禮服的體態美。

魚尾裙禮服示意圖

資料來源：樂思攝紀工作室，2016（林宗德攝影師提供）。

◆ 改良式旗袍禮服

　　由傳統旗袍禮服改良而成，露出性感的事業線，造型風格復古。許多新娘婚禮舉辦前，特別訂製改良式旗袍禮服，由於過度減重，導致禮服當天不合身，這是準備結婚的新娘需要特別注意的。改良式旗袍特別適合身材曲線漂亮、小腹平坦的新娘，因為改良式旗袍的禮服設計通常比較合身。

改良式旗袍禮服示意圖

資料來源：森森影像工作室——婚攝森森，2014（王森森攝影師提供）。

主
題
婚
禮
的
新
娘
婚
紗

◆ 直筒裙禮服

　　直筒裙禮服屬簡約式禮服，在國外很常見；線條弧度變化不大，
屬於比較貼身的款式，能展現新娘的好身材，但是身材不夠好的新
娘，穿起來會像孕婦。

直筒裙禮服示意圖

資料來源：（左圖）尋找美好事物部落格，2015；（右圖）森森影像工作室—婚攝
森森，2015（王森森攝影師提供）。

◆ 高腰線禮服

　　高腰線禮服，是將腰線提高至胸線下方，開始以A字展開的裙
款，由韓國傳統服飾演變而成的禮服款式。因上身與下身比例落差
大，能凸顯豐滿新娘的胸部線條，增加胸圍立體度，拉長下半身的比
例，可以營造腿部比例較長的效果。高腰線禮服有俏皮可愛的風格，
軟紗、軟緞則有希臘女神的優雅古典美；適合嬌小、孕媽咪、小胸新
娘，或是對腿部不滿意的新娘；反之，不適合胸部太小的新娘，會撐
不起來。

高腰線禮服示意圖

資料來源：樂思攝紀工作室，2016（林宗德攝影師提供）。

◆ 拖尾裙禮服

　　過去新娘拖尾的長度，象徵夫妻感情越長久，長拖尾禮服展現十足的宮廷皇室的莊嚴氣勢。拖尾裙禮服從腰際開始不斷延伸，從基本拖地到超長拖尾各種長度，從30～180公分最常見（「小拖尾」約60～80公分，「中拖尾」約120～150公分，「長拖尾」約200～250公分），適合搭配醒目不繁瑣的配飾，適合任何身形的新娘。婚禮當天，新娘動作需優雅，裙襬記得別踩到；選擇年紀大一些的花童，較有足夠的力氣拉起裙襬拖尾。

拖尾裙禮服示意圖

資料來源：樂思攝紀工作室，2016（林宗德攝影師提供）。

◆ 前短後長禮服

　　前短後長禮服，屬於新式的禮服剪裁，正面看是短裙，後面看則是長裙，前短後長，將兩種不同的形式合併，同時滿足新娘兩種慾望，又名斜口裙。因短裙在攝影時變化較少，加入長裙尾可以有甩動、飛揚等變化的視覺效果，能表現美腿身材，新娘看起來更高，是一款可以展現美腿又不會過於單薄的特色禮服。前短後長禮服，適合身高比較高、腿比較細長的新娘。

前短後長禮服示意圖

資料來源：（上圖）樂思攝紀工作室，2016（林宗德攝影師提供）；（下圖）幸福紀錄特派員，2016（阿杜攝影師提供）。

(四)依婚紗領型分類

　　婚紗禮服的領型，是婚紗風格的重要關鍵。婚紗禮服的領型，與新娘的臉型、頸線與肩膀的寬窄等相關，選擇適合新娘領型的婚紗禮服，能展現新娘的特有氣質。婚紗禮服之領型可略分為：(1)平口（抹胸）領式；(2)圓領（U型領）式；(3)心型領式；(4)方型領式；(5)斜肩（單肩）式；(6)V領式；(7)一字領（包肩）式；(8)船型領式；(9)高領式；(10)馬蹄領式等款式。

◆平口（抹胸）領式禮服（Strapless Straight Across）

　　平口領式婚紗又稱抹胸式婚紗，是最普遍的領型婚紗設計；平口領型，適合搭配任何婚紗款式與風格，能夠呈現高雅氣質，展現較性感的頸部與鎖骨；肩膀較寬的女孩，會有消瘦修長的效果。

　　平口領式禮服適合大部分身材和臉型的新娘，比較不適合雞胸（胸前肋骨突出）的新娘，反而會暴露缺點；胸型大、C罩杯以上的新娘也不適宜，因為會包不住；特別適合鎖骨漂亮和胸型較小的新娘，胸型會襯托得很漂亮。平口領式的禮服是常見設計的大眾款，所以禮

平口領式禮服示意圖

資料來源：（上圖）樂思攝紀工作室，2016（林宗德攝影師提供）；（下圖）森森影像工作室—婚攝森森，2014（王森森攝影師提供）。

服的款式會在平口處有一些不一樣的設計，例如：在平口處反摺多些變化，或是鏤空設計小露性感，或是加上肩花、蝴蝶結、貝殼領設計，讓整體禮服的感覺更活潑。平口領式禮服常使用素面布料或細皺褶呈現。

◆圓領（U型領）式禮服（Scoop）

圓領式禮服是最簡單大方的款式，適合各種體型的新娘，屬於婚紗禮服的百搭款式。圓領設計能讓胸部呈現圓潤感，胸圍大的新娘可選擇大圓領，領口挖低三公分以上，減低緊繃壓迫感；而肩部較寬的新娘，可選擇大U領圓款式，可拉長頸部線條，調和肩寬視覺。領式禮服的背部多搭配圓領與U領型設計，具有「圓融圓滿」的美意，極適合婚紗禮服的選擇。

U型式禮服示意圖

資料來源：幸福紀錄特派員，2016（阿杜攝影師提供）。

◆心型領式禮服（Heart）

　　心型領式禮服，也稱為罩杯式禮服，胸口以愛心的上半部線條設計，與平口領式禮服相同，是歷久不衰的熱門禮服款式。除了能展現鎖骨外，能美化胸型，強調女性S曲線；對於圓臉型有修飾的效果，散發浪漫小公主氣質，屬於可以性感，或可以俏皮的百變風格款式。這種款式禮服，B罩杯以下的新娘較不適合，但是可以調整隱形內衣後，也能夠營造豐滿的胸型；胸線太低的女生也不適合，穿起來胸型會不飽滿；特別適合胸型C罩杯以上，或胸線高一點的新娘，可以讓C、D罩杯的胸型彷彿如D、E罩杯般豐滿。

心型領式禮服示意圖

資料來源：（左圖）樂思攝紀工作室，2016（林宗德攝影師提供）；（右圖）樂思攝紀工作室，2016（劉宜芳攝影師提供）。

◆方型領式禮服（Square）

　　方型領式禮服，領口以方型的水平剪裁，搭配肩帶設計，輪廓分明，呈現俐落大方、成熟穩健的氣質，是新娘常選擇訂婚時穿著的禮服。方型領口禮服，將視覺集中在方型線條，可修飾新娘較圓潤的臉部；因此，這種禮服款式，不適合肩部較寬的新娘。

方型領式禮服示意圖

資料來源：（左圖）森森影像工作室─婚攝森森，2015（王森森攝影師提供）；
（右圖）幸福紀錄特派員，2016（阿杜攝影師提供）。

◆斜肩（單肩）式禮服（One Shoulder）

　　斜肩式禮服以不對稱單肩設計，凸顯禮服更有特色；禮服領口
處一體成型，讓視覺集中在肩頸的美麗線條，展現古典女神的優雅性
感氣質。如果新娘有肩膀高低或是胸型大小差很多的困擾，這種款式
的禮服可以達到完美的修飾效果，手背纖細的新娘，也適合單肩式
禮服；但是比較不適合肩膀窄或骨架太小的新娘，較適合高挑或骨架
大、圓潤的新娘。需注意的是單肩式的肩帶長度與緊度會影響胸型，
穿著不當會影響胸線。

斜肩式禮服示意圖

資料來源：（左圖）森森影像工作室─婚攝森森，2015（王森森攝影師提供）；（右圖）幸福紀錄特派員，2016（阿杜攝影師提供）。

繞頸深V領式禮服示意圖

資料來源：幸福紀錄特派員，2016（阿杜攝影師提供）。

◆V領式禮服（V-neck）

　　V領式禮服是性感的時髦款式，有肩線內縮效果，屬於時裝改良具現代感的婚紗。

①繞頸深V領式禮服

　　繞頸深V領式禮服除了能展現鎖骨外，目光焦點會落在胸部上，對於圓臉型有修飾的效果，散發浪漫性感的氣質。這款禮服繞在脖子上，胸前有深V領開口款式，適合圓臉、胸型外擴、有副乳和大C罩杯以上的新娘（胸部雄偉的新娘，選擇這種婚紗，因為V領會讓胸部過

於裸露，長輩會覺得不夠端莊，仍需慎重考慮）。臉型和胸型條件好的新娘，適合這種款式禮服；但如果臉型、下巴或脖子比較長，就不適合再穿深V領式禮服，會顯得臉部和脖子線條更長。

②掛勾V領式禮服

　　禮服掛在肩膀上，胸前有深V領開口款式，這種款式禮服特別適合下巴短、身材高挑、肩膀寬的新娘。特別豐滿的新娘（胸型D罩杯以上），可選擇中V領式禮服，因為禮服的款式特色是掛在肩上，除了可以緩衝胸部過重的視覺效果，也可以將胸型完整包覆住，不會有走光的風險；對於胸部外擴的新娘，這種款式禮服有很棒的修飾效果。如果是臉型和脖子偏長新娘，比起繞頸式禮服，這套禮服會更合適。

掛勾深V領式禮服示意圖

資料來源：（左圖）森森影像工作室—婚攝森森，2015（王森森攝影師提供）；（右圖）幸福紀錄特派員，2016（阿杜攝影師提供）。

◆一字領（包肩）式禮服（Off the Shoulder）

　　一字領式禮服亦稱為包肩式禮服，屬於西方傳統的經典禮服款式；能修飾肩膀與手臂，有長短袖之分，適合手臂較粗的新娘，展現高雅成熟的氣質。這種款式禮服非常適合肩頸線條漂亮和身材高挑的新娘，可襯托新娘鎖骨的完美比例；如果胸部屬豐滿型的新娘就不適合，會比較容易壓胸；肩膀太寬或手臂粗壯的新娘也不適合，穿起禮服時會很容易卡住，擠出小肥肉。

一字領式禮服示意圖

資料來源：（左圖）森森影像工作室—婚攝森森，2015（王森森攝影師提供）；
（右圖）樂思攝紀工作室，2016（林宗德攝影師提供）。

此外，由包肩式概念結合U型領口設計的小包袖式U型領禮服，通常是為了修飾方型臉和肉肉的蝴蝶袖和側乳而設計，骨架偏小的新娘也合適。

小包袖式U型領式禮服示意圖

資料來源：（左圖）森森影像工作室—婚攝森森，2015（王森森攝影師提供）；
（右圖）樂思攝紀工作室，2016（劉宜芳攝影師提供）。

◆船型領式禮服（Bateau）

　　船型領式禮服，屬於圓領的改良款，介於一字領與圓領之間的禮服款式；禮服領口線條柔和，隨著女性鎖骨弧度向肩膀延伸，是保守典雅的款式，僅露出新娘美麗的頸部與鎖骨，展現純潔簡單的氣質。船型領式禮服，適合纖瘦身材的新娘，可以修飾過於骨感的身形，將主視覺集中於鎖骨，展現時尚典雅的風格。

船型領式禮服示意圖

資料來源：樂思攝紀工作室，2016（林宗德攝影師提供）。

◆ 高領式禮服（High Neck）

　　高領式禮服常出現在優雅隆重的婚禮，展現新娘內斂沉靜的嫻淑氣質。這種款式禮服適合瓜子臉型、身材瘦高，胸型和骨架偏小的新娘。胸型偏小的，禮服的版型可以有很好的修飾效果；反之，圓臉型、肩膀寬厚和手臂粗壯的新娘都不合適，嬌小的新娘撐不起禮服的感覺，也不合適。

高領式禮服示意圖

資料來源：森森影像工作室—婚攝森森，2015（王森森攝影師提供）。

◆馬蹄領式禮服（Queen Ann）

馬蹄領式禮服，肩帶設計為倒三角形，可以為可拆式的兩種風格的禮服，是具有文藝氣質的西式婚紗禮服款式。馬蹄領式禮服，搭配不規則的領口造型設計，整件禮服的視覺焦點集中在上半身。馬蹄領式禮服，適合肩膀較窄、嬌小纖瘦的新娘；反之，有蝴蝶袖的新娘，容易顯得手背更粗獷。

馬蹄領式禮服

資料來源：樂思攝紀工作室，2016（林宗德攝影師提供）。

(五)依婚紗腰線分類

婚紗禮服的腰線位置，可修飾新娘身形；無論是高挑或嬌小的新娘，透過腰線位置調整與材質的選擇，能讓新娘穿出完美的婚紗禮服。

◆高腰禮服

將禮服的腰線設計拉至胸下，可以拉高身長比例，例如高腰禮服常見的A-Line款禮服，特別適合身材嬌小的新娘。

如果不是纖細嬌小的新娘，一點肉肉的或胖胖身材的嬌小新娘，正焦慮自己沒有腰身，或是明明已經很嬌小了，身材比例卻是5：5，也可以考慮這種禮服；記得禮鞋要穿高一點，修飾效果才會更好。

高腰禮服還有腰線往下的，裙襬設計是呈現傘狀的，很像韓式傳統禮服，這款禮服特別適合胸型漂亮，但腰身比較偏長的嬌小新娘，如果有小腹或是懷孕的，也可以有很好的修飾效果；如果肩膀是比較寬厚的新娘，這款禮服穿起來的身材就會顯胖。

高腰禮服示意圖

資料來源：（左圖）樂思攝紀工作室，2016（林宗德攝影師提供）；（右圖）森森影像工作室—婚攝森森，2015（王森森攝影師提供）。

◆ 中腰禮服

禮服的腰線設計在腰圍，中腰禮服的變化有很多種，例如窄襬禮服的設計，會比較貼合自己的身材曲線，可以讓身材看起來更加修長，特別適合腰臀大腿曲線漂亮；嬌小的新娘穿起這款禮服，下襬可能還會有一大部分拖地，走動時要拉禮服，所以不宜，水梨型身材的新娘也不適合。

中腰禮服示意圖

資料來源：樂思攝紀工作室，2016（林宗德攝影師提供）。

　　中腰雪紡紗禮服就是許多新娘都可以選擇的款式，除了高挑和嬌小身材新娘都合適之外，一點胖胖或肉肉身材的新娘也有很好的修飾效果。

中腰雪紡紗禮服示意圖

資料來源：樂思攝紀工作室，2016（劉宜芳攝影師提供）。

中腰A-Line禮服，特別適合165公分以上的新娘，因為高挑的身形穿起禮鞋後，可以讓裙襬正好齊地，走動時禮鞋若隱若現很迷人。肉肉身材的高挑新娘也很適合，緞面材質的A-Line禮服比較硬挺。

　　中腰大蓬裙，禮服裡層要另外穿一件蓬紗，讓裙襬的寬幅撐起來，這款禮服普遍身材的新娘都適合的款式，可以修飾中廣型、水梨型身材，小蠻腰會立即出現，懷孕初期的新娘可修飾身形。

　　身高170公分以上的新娘就比較不建議穿這種款式的禮服，通常這種款式的禮服裙襬不會太長，身材高挑的新娘穿起禮服裡層的蓬紗後，裙襬大多會撐高到腳踝上方，雙腳展露無疑，較不適合。

中腰A-Line禮服示意圖

資料來源：樂思攝紀工作室，2016（林宗德攝影師提供）。

中腰大蓬裙禮服示意圖

資料來源：樂思攝紀工作室，2016（林宗德攝影師提供）。

◆下腰禮服

　　將禮服的腰線設計拉至腰圍下方，臀圍上方。下腰禮服最常見的為貼身款式，通常合身的範圍會包覆至臀下，嬌小的新娘較不適合，會把身材比例往下帶，下身的裙襬也過長容易踩到，反而會造成新娘的困擾；適合身材165公分以上，腰身偏短，腿長的新娘。上身比例偏長和腰臀曲線較寬的新娘，不建議嘗試。

下腰禮服示意圖

資料來源：（左圖）樂思攝紀工作室，2016（林宗德攝影師提供）；（右圖）森森影像工作室—婚攝森森，2015（王森森攝影師提供）。

　　下腰小蓬裙禮服，禮服裡層會有一層蓬紗，但沒有大蓬裙禮服來得蓬，是身材高瘦新娘的另一選擇；如果是身材太過削瘦的高挑新娘，這種小蓬裙禮服可以修飾過瘦的身材，可以讓自己看起來更有分量些；反之，胖胖、肉肉、圓圓型的新娘，這種款式禮服就不適合。

下腰小蓬裙禮服示意圖

資料來源：樂思攝紀工作室，2016（林宗德攝影師提供）。

 ## 三、婚紗禮服挑選

　　挑婚紗如同到美髮院剪頭髮，不是每種髮型或感覺漂亮的婚紗都適合每一位新人。因此，先瞭解新人的個性、氣質、體態等特質，並與婚紗專業者（如新娘秘書、造型師等）討論，亦可透過模擬軟體程式，模擬適合新人的婚紗類型，或參考經驗較豐富的化妝師、造型師及攝影師的意見，可協助新人有效地選擇適合的婚紗禮服。

(一)挑婚紗禮服前的準備

　　新人在挑選禮服前，先上網看看別人的資料、雜誌、相關文章等，建立更多想法和觀念，再和有經驗的造型師討論，能事半功倍。

此外，新人若要挑選漂亮的婚紗，選擇好日子後三天到婚紗店，因為假日或好日子前後，好看的婚禮禮服都外借，禮服量會變少。

先準備適合的Nu Bra（隱形胸罩），畫淡妝，搭配適合結婚當天喜歡的髮色，穿高跟鞋或婚鞋，預備相機，邀請伴娘或親友團出席，給予貼心的意見提醒。

◆Nu Bra

很多禮服都是平口的、低胸的、露背的，如果新娘穿一般內衣或肩帶內衣，肩帶或背鈕的線條會影響視覺官感。Nu Bra可消除這些穿禮服時的線條，試穿禮服時較能展現真實感，新人能做出準確判斷。

◆髮色

新娘挑選婚紗禮服時，可先化淡妝，將臉部氣色稍微打亮，先染好當天希望呈現的髮色，或與造型師討論適合的髮色等，在挑選禮服前確認這些因素，較能接近訂／結婚當天的整體造形。

◆鞋或婚鞋

婚鞋、高跟鞋會影響視覺或整體造形，新人事前準備婚鞋或高跟鞋；大部分婚紗店或婚紗工作室都備有高跟鞋，提供新人搭配。

◆相機

拍照的婚紗禮服不一定得很新或很漂亮，可透過攝影師和後製作業處理。拍照選擇一些造型特別的、長裙襬的，讓照片呈現張力。適時詢問攝影師和造型師的意見，經驗豐富的專家可協助找到合適的婚紗。

準備相機的目的，是方便和新娘秘書溝通，將穿著決定好的婚紗禮服拍下傳給新娘秘書，新秘能事先想像適合新人的妝感及造型。此外，婚紗務必試穿及量身，若新人真的很喜歡某些禮服，則記下禮服編號，避免業者漏記或記錯。

◆ 伴娘或親友團

　　伴娘若要挑選適合的伴娘禮服，可偕新娘一併前往。建議親友團人數不要太多，一般以二至三位較恰當，否則人多口雜，反而無法取得共識。另外，最好選擇平常很會打扮或對流行訊息比較敏感的親友，較能提供獨到的見解。

◆ 預約的時間

　　婚期前二至三個月才能開始預約，有些店家不提供新人重複預約試穿；基本上新人花一天試穿，便知道是不是新人喜歡的樣式（參考MOR婚紗・攝影工坊，2015；我要結婚了WeddingDay，2013）。

(二)如何和婚紗店的禮服秘書溝通

　　多樣的婚紗類型選擇，經常讓新人舉棋不定。因此，避免不適合新人的款式、顏色或材質等，就能過濾大半不適合的禮服。喜歡的婚紗，務必請業者提供拍攝過的照片參考，因為照片和實品呈現的顏色會有些不同。

　　新人到婚紗店，禮服秘書提供其經驗，依據新人的特質，建議幾件禮服；如果試穿兩、三件後，都不是新人的調性，新人和親友團可直接到架上挑選。另外，新人須說明訂／結婚的日期，淘汰檔期衝突的禮服，節省不必要的試穿時間。

(三)如何決定婚禮各階段的禮服

　　結婚乃人生大事，儘管過程繁瑣，卻是不可馬虎的籌備過程。尤其是新人的婚紗拍攝與婚禮當天的造型與婚紗禮服款式；如何選擇適合各階段的禮服，提供以下的建議。

◆ 「訂婚儀式」的禮服

　　若在飯店、婚宴會館或公共婚慶空間舉行婚禮儀式，新人可選擇各種款式的禮服；若在家中舉行訂婚儀式，建議選擇比較不占空間的

禮服，尤其避免蓬蓬裙；顏色以粉、紅、金色較為喜氣。

◆「敬酒」的禮服

　　敬酒時通常需要走動，建議不要選擇裙襬太長或太合身的禮服；比起太過合身的魚尾裙，小蓬裙的行動性會更好些。因為要走動，所以背面和側面被拍到的機率比較高，可以選擇髮型重點在背面或側面的造型禮服（MOR婚紗・攝影工坊，2015）。

◆「送客」的禮服

　　送客時儘量選擇顏色較亮眼的禮服，除了須配合婚禮場地的布置色調，適合新人體型的禮服款式，並以正面設計的禮服為佳；如此和賓客合照時，才能凸顯新人的亮麗。

(四)婚紗禮服挑選原則

　　歸納婚紗產業市場經驗，綜理婚紗挑選需掌握的原則，包括：(1)依據新娘膚色挑選婚紗；(2)依據身材挑選婚紗；(3)瞭解婚紗領口適合類型；(4)瞭解裙襬適合類型；(5)依據場所及時間挑選婚紗；(6)依據特殊情形挑選婚紗。

◆依據新娘膚色挑選婚紗

　　婚紗顏色的選擇可依新人的喜好而定。時下新人仍以白色、象牙色或香檳色的婚紗為主。隨著時尚流行趨勢的發展，婚紗除了純白、象牙、米黃等傳統顏色外，近年亦流行粉紅、粉橙、粉藍、粉紫、粉綠及淺銀灰色的婚紗，屬於比較柔和的顏色。

　　新人選擇婚紗，首要留意顏色需與新娘的膚色相配。所謂「一白遮三醜」，東方人的天然膚色偏黃，並非每一位新人都能擁有天生白皙細緻的膚色；因此，挑選婚紗的顏色很重要，重點在與新娘的膚色相配才是最關鍵，抓住重點才能突顯新娘的氣質與特點，以便選擇適合的婚紗；各種膚色的新人，仍能展現最美好的婚紗整體造形。亞

洲人膚色深而偏黃，穿雪白婚紗整體略顯暗淡，穿象牙色會較和諧自然；藍色與紫色婚紗對於黃皮膚則不甚協調；粉橙色或粉綠色能與偏黃膚色相配。至於白皙膚色，或古銅色皮膚的新娘，穿純白婚紗則顯得好看。

①皮膚白皙選擇婚紗

皮膚白皙的女性，在婚紗的挑選上沒有太多的侷限；若選擇粉色系列的婚紗，皮膚能顯得更水嫩，加強整體視覺上的柔和度和美感。若想強調皮膚白皙，則選擇較深色系列的婚紗，凸顯視覺上的對比。

②皮膚偏黑、小麥色選擇婚紗

擁有這類膚色的新娘，可以朝著「朝氣、活力、健康」及「一點性感」的整體造形。例如選擇亮色系的婚紗，突顯健康小麥色的肌膚，營造出清新健康的感覺。不過這種搭配的前提是，必須擁有健康且黝黑具亮澤感的健康膚質，才能完美襯托屬於新人的迷人特質。

③皮膚泛黃、暗沉選擇婚紗

適合選擇「中間色系或暖色系」的婚紗；因為皮膚偏黃、暗沉予人氣色較差的感覺；儘量避免選擇紫色、寶藍等的顏色；否則不夠白皙的肌膚將更顯蠟黃。肉桂、蓮藕、銅金色等色系的婚紗，除非是肌膚白皙，否則與東方人原本較偏黃的肌膚有融合的錯覺感，卻完全無法顯現出重點；而雪白婚紗也會容易顯得膚色暗沉，沒有活力；而「中間色系或暖色系」的婚紗反而可以營造有精神、有活力的感覺（參考我要結婚了WeddingDay，2013）。

新娘依膚色挑選婚紗之條件與限制，綜理如下表所示。

新娘依膚色挑選婚紗綜理表

①皮膚白皙動人的新娘
膚色白皙的新娘適合各種顏色的婚紗禮服，其中選擇粉嫩色系的禮服，襯托肌膚更加柔美白皙。

②健康小麥膚色的新娘
這類膚色的新娘可以挑選亮色系的禮服，營造健康而性感的氣息，突顯衝突又搶眼的美感。這種搭配的前提是必須擁有健康、黝黑、具亮澤感的健康膚質，才能完美襯托迷人特質。

③膚色偏黃需要修飾的新娘
皮膚偏黃，儘量不要嘗試如紫色、寶藍的顏色，會讓新娘原本不夠白皙的肌膚更顯暗沉蠟黃。而肉桂、蓮藕、銅金等色調，除非是肌膚白皙，否則會和東方人原本較偏黃的肌膚有融合的錯覺感，完全無法顯現重點；而雪白婚紗也容易顯得膚色暗沉。建議選擇中間色系，或稍微偏暖的色調。

參考資料：我要結婚了WeddingDay, 2013；vicky的部落格，2014。

◆依據身材挑選婚紗

選擇婚紗，除了留意適合新娘膚色的婚紗顏色外，尚需清楚新人的體型；掌握身材特性，無論嬌小玲瓏、身形修長或高瘦、身材豐腴或纖瘦等，依據身材挑選婚紗，展現新娘氣質與個性的動人風采。新人依據身材挑選婚紗須留意的條件與限制，綜理如下表所示。

依據身材挑選婚紗綜理表

①身材嬌小玲瓏

1. 適合中、高腰、紗面、腰部打摺的婚紗款式，以修飾身材比例。
2. 儘量避免婚紗下身裙襬過於蓬鬆，造成頭輕腳重而凸顯身材短小的缺點。
3. 肩袖設計儘量避免過於誇張，如大泡袖或大荷葉。
4. 上身線條以華麗、多變化為宜，裙襬和頭紗避免過長。
5. 腰線以「V」字微低腰設計，增加修長感。

②身材修長

任何款式的婚紗皆可嘗試，尤其是以包身下襬，呈魚尾狀的婚紗，更能展現身材的優點。

③身材高瘦

1. 適合加強雙肩設計的禮服，使高瘦型的新娘看起來更有精神，例如墊肩、誇大泡袖荷葉設計。
2. 上半身線條宜多變化。
3. 避免露肩、露胸的款式。

④身材豐腴

1. 適合直線條的剪裁，加上花邊設計，可顯得較苗條。
2. 避免採高領款式，宜選低領。
3. 腰部、裙襬的設計應避免繁複。

（續）依據身材挑選婚紗綜理表

⑤**過於豐滿或纖瘦**

1. 上身豐滿的新娘，最好選擇上身設計簡單又能展現胸線優點的婚紗。
2. 下身豐滿的新娘，則避免選擇以褶皺為設計重點的婚紗。
3. 過於纖瘦的新娘最好穿著高領、長袖的禮服，例如打層次、荷葉邊或戴安娜式的禮服都很合適。

⑥**適合穿東方旗袍的身材**

1. 旗袍領口與臉型
   (1)脖子較長：氣質高雅非常適合穿高領旗袍。
   (2)脖子較短：適合穿無領的。
2. 身材分析

   (1)身材瘦小型：適合穿短款及膝旗袍，露出雙腿，則顯得高挑，展現新娘的古典美。
   (2)身材粗大型：適合穿X型旗袍，這種款式可以對過於豐滿的臀部有遮掩效果；活潑好動的新娘也很適合這樣的旗袍。除了拍攝婚紗照外，站立行走也比較方便，不易走光。

   (3)身材勻稱腿美型：新娘穿上兩邊開叉的旗袍，更能顯出形體的優勢，讓迷人美腿顯出魅人的誘惑。
3. 旗袍顏色
   旗袍傳統色以紅色為主。
   (1)大紅色系旗袍：適合年齡稍大的新娘，顯出新娘的穩重大方。
   (2)玫瑰紅色系旗袍：適合年紀較輕的新娘，因為本身皮膚的膚質很好，襯以玫瑰紅色，顯得新娘青春俏麗。
   (3)深紅色系旗袍：適合穩重有涵養的知識女性。
   (4)白色系旗袍：皮膚偏黃偏深的新娘也非常適合；旗袍局部可滾紅色的邊，或大面積鑲銀光亮片，新人顯得非常雍容華貴。
   (5)黃色或彩色系旗袍：皮膚適合偏白的新娘，顯得亮眼美麗。
4. 旗袍材質
   春夏秋季節結婚，應考慮用輕薄的材質，例如真絲；顏色不要太凝重。冬天舉辦婚禮最好選用織錦緞，可以襯托婚禮的豪華。注意儘量不考慮人造絲和純滌材質，因為非常容易產生靜電。

參考資料：C'EST BON金紗夢婚禮，2013；我要結婚了WeddingDay，2013；柏菲時尚新娘館，2015。

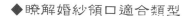

◆瞭解婚紗領口適合類型

在選擇婚紗時，瞭解適合新人穿著類型與婚紗款式，較能事半功倍。婚紗領口適合類型，綜理如下表所示。

婚紗領口適合類型綜理表

①平口領——大眾款

平口禮服適合肩寬或身材較瘦扁的女生，凸顯胸部更豐滿。不適合大胸部與較豐腴的女性，緊縛胸部顯出更多贅肉。

· 優點：展現較性感的頸部與鎖骨。肩膀較寬的女孩，會有消瘦修長的效果。

· 適合：肩膀較寬的女孩。

· NG：小胸部、大胸部女孩。

②桃心領——浪漫小公主款

若屬於瘦而胸部豐滿，可以考慮桃心領的款式，強調美麗胸型。

· 優點：展現鎖骨外，美化胸型。對於圓臉型有修飾的效果。

· 適合：胸部豐滿的女孩。

· NG：小胸部女孩。

③大V領——性感小貓咪自信款

V領又分繞頸與掛頸兩種。適合圓臉、國字臉、腰身曲線明顯、胸圍較豐滿的女性。深V可以修飾臉型和頸部；如果鎖骨很漂亮，深V也是好選擇；可充分展現出美麗的腰線。若是下半身比上半身更豐腴的女生，穿深V禮服可將視覺焦點轉移到上半身；如果臉部比較長的女生就比較不適合，深V會讓臉看起來更長。

· 優點：展現鎖骨外，目光焦點會落在胸部上，對於圓臉型有修飾的效果。

· 適合：胸部豐滿、自信派的女孩。

· NG：小胸部女孩。

（續）婚紗領口適合類型綜理表

④大圓領——簡潔大方款
- 優點：展現鎖骨與胸型，屬於大眾款。對三角形臉型或國字臉型有修飾的效果。
- 適合：任何人都適合。
- NG：無。

⑤小圓領——優雅小淑女
- 優點：展現頸部，部分蕾絲設計若隱若現，更添氣質美感。
- 適合：胸部小的女孩。
- NG：大胸部、上半身（手臂）較豐滿的女孩。

⑥包肩式——浪漫歐風款
- 優點：修飾肩膀與手臂，有長短袖之分。
- 適合：手臂較粗的女孩。
- NG：無。

⑦一字領式——高雅成熟款
- 優點：修飾手臂。
- 適合：胸部小、纖瘦型女孩。
- NG：胸部豐滿的女孩。

⑧繞頸綁帶式——浪漫法式風情
- 優點：修飾肩膀，襯托鎖骨與胸型。
- 適合：肩膀較寬或胸部大的女孩。
- NG：肩膀較窄。

⑨卡肩式——童話公主款
- 優點：修飾上臂，展現鎖骨與肩膀。
- 適合：手臂較粗的女孩。
- NG：肩膀較寬。

（續）婚紗領口適合類型綜理表

⑩斜肩式──性感典雅款	⑪有袖婚紗──端莊婉約款
適合肩膀寬，或肩部圓潤及手臂較細的女生，凸顯漂亮的肩頸線條。	適合手臂較粗、有蝴蝶袖或副乳的新人，穿上有袖的婚紗遮掩手臂，再搭配長手套，能有效修飾手臂線條。

資料來源：結婚新人看過來｜❤N個你必看的訂結婚重點❤，2013；我要結婚了WeddingDay，2013；昆娜婚紗，2013。

婚紗領口示意圖

資料來源：樂思攝紀工作室，2016（林宗德攝影師提供）。

◆瞭解婚紗裙襬適合類型

　　過去西方婚禮中，新娘婚紗的長度，為財富的象徵。隨著時代的改變，婚紗的裙襬設計有了更多的變化，若能掌握婚紗裙襬適合的新人穿著類型，則能展現新娘嫵媚動人、溫柔婉約或簡約浪漫等氣質。婚紗裙襬長短的選擇，禮車是另一種限制，一般禮車很難承受過長的裙襬，即使勉強擠成一團，下車後長長的裙襬容易皺折；因此，選擇長版裙襬豪華婚紗禮服，須留意租借加長型的婚車為宜。

婚紗裙襬適合類型綜理表

①魚尾型
　・優點：貼合身材曲線，好身材一覽無遺。
　・適合：高挑纖瘦型女孩。
　・NG：嬌小型女孩。

②馬甲型
　・優點：強調腰部線條，為目光焦點，腰部以下能巧妙掩飾。
　・適合：下半身局部豐滿的女孩。
　・NG：小腹突出的女孩。

（續）婚紗裙襬適合類型綜理表

③窄版型

・優點：較合身且修飾身體線條。

・適合：高挑纖瘦的女孩。

・NG：小腹突出或局部豐滿女孩。

④A-Line型

・優點：修飾腰部，下襬散開如A
　　　　字型，下半身達到掩飾效果。

・適合：小腹突出或下半身豐滿
　　　　（葫蘆型）的女孩。

・NG：無。

⑤高腰型

・優點：提高腰際線，拉長身形，讓人有挑高的效果。

・適合：嬌小型或下半身豐滿的女孩。

・NG：肩膀寬的女孩。

（續）婚紗裙襬適合類型綜理表

⑥層次型

· 優點：腰部以下，以多層次處理，巧妙遮掩下半身。

· 適合：下半身豐滿或嬌小型的女孩。

· NG：無。

⑦蓬蓬裙

· 優點：巧妙遮掩腹部與下半身。

· 適合：下半身豐滿或嬌小型的女孩。

· NG：無。

資料來源：結婚新人看過來｜♥N個你必看的訂結婚重點♥，2013；新娘物語結婚資訊網，2015。

婚紗裙襬示意圖

資料來源：樂思攝紀工作室，2016（林宗德攝影師提供）。

◆ 依據場所及時間挑選婚紗

新人挑選禮服，除了考量身材、膚色條件等原則，在眾多禮服中，仍須安排新人在結婚場合與活動時段的適合禮服。因應一般結婚婚宴儀式階段，新人適合挑選三套禮服，以符合：(1)進場；(2)敬酒；(3)送客等場合。新娘若穿著於觀禮儀式，禮服必須較為華麗，裙襬以7尺為佳。若穿著於證婚時，新人多背對著祝福的親友，禮服背面的設

計和頭紗的層次、質料的選擇就很重要。若穿著於公證結婚儀式，禮服款式以簡單大方，裙襬設計不宜過長或複雜。

依據結婚場合，新人大致可挑選：(1)拍照禮服；(2)宴客禮服；(3)教堂禮服；(4)公證結婚禮服等款式。

①拍照禮服

色系上可挑選鮮豔、飽和的顏色，線條則以立體剪裁、層次分明的禮服，在照片的呈現效果上會較為出色。若已與攝影師溝通好拍攝的場景，可以依拍攝地點挑選合適的款式及材質，例如：海邊沙灘上可搭配飄逸的雪紡紗禮服，呈現浪漫的氛圍；歐風建築則適合經典的宮廷蓬裙設計，或是奢華的亮片晚禮服，打造貴族般雍容華貴的氣勢。

外景的畫面比較寬闊，以及陽光照射等條件，都不同於室內封閉的空間；所以婚紗禮服的選擇，須注意材質與造型等拍攝環境因素。拍攝外景婚紗照，新娘需和外景融為一體，婚紗禮服的選擇更為重要。

奢華禮服示意圖

資料來源：樂思攝紀工作室，2016（林宗德攝影師提供）。

1.紗面禮服

戶外拍攝有很好的陽光照射，緞面材質容易反光，過於隆重會讓畫面顯得不協調。沒必要選擇反光強的緞面，紗面材質更為合適。紗面材質視覺輕盈、靈動；微風吹過的時候，最能體現自然浪漫的氣氛，陽光照射時，更加顯得潔白無瑕。

紗面禮服示意圖

資料來源：森森影像工作室—婚攝森森，2015（王森森攝影師提供）。

2.大拖尾婚紗

新人穿著白紗禮服，拍攝室外的婚紗照，最好選擇大拖尾。室外的視野比較開闊，相對而言，新人便不占主體，想將大範圍的景色拍進畫面裡，又不希望景色搶掉人的鏡頭，那麼，大拖尾的裙子可凸顯新娘的美麗整體造形。大拖尾的婚紗畫面感非常強，為時下許多新人喜愛的婚紗款式。

大拖尾婚紗示意圖

資料來源：樂思攝紀工作室，2016（林宗德攝影師提供）。

3.特色婚紗

　　旗袍、宮廷裝禮服等的禮服，需要合適的背景搭配。若外景是古色古香的場景，旗袍就很合適；如果場景是異域風情的熱氣球，俏麗的禮服會更加搭配。

特色婚紗示意圖
資料來源：樂思攝紀工作室，2016（林宗德攝影師提供）。

②宴客禮服

　　1.禮服

　　禮服選擇可依新人喜好與場地性質考量；一般宴客禮服多選擇白色系列婚紗，走紅地毯最好挑加長版裙襬，而且要華麗、金光閃閃才有氣勢。由於新人與賓客會有近距離接觸，禮服重點可放在細節設計上，精緻蕾絲與細膩珠繡有助於襯托新娘的優雅氣質。

　　2.儀式／宴客場地

　　結婚的儀式若選在教堂，可挑選能展現氣勢的後襬較長且華麗的白紗禮服。宴客場地布置的色系，關係晚禮服顏色的挑選；因此選擇宴客禮服色系，需跳脫背景主色，避免與背景融為一體，模糊禮服的氣勢與焦點；敬酒時以方便行走的合身款較為合適，送客與賓客合照時，則推薦拍照效果較為亮眼及較誇長的禮服。

後襬較長白紗示意圖

資料來源：樂思攝紀工作室，2016（林宗德攝影師提供）。

3.第一次進場

　　宴客第一次進場，穿的白紗要考慮餐廳的進場動線；進場動線
寬，則挑選較大較長的裙襬；如果餐廳的進場動線不寬敞，進場白紗
的裙襬不宜太誇張；建議白紗前後款式都要好看，禮服後襬拖尾能展
現新娘的優雅氣質；建議新娘禮服為平口領或桃心領款式，比較大
器。

長襬婚紗示意圖

資料來源：森森影像工作室—婚攝森森，2015（王森森攝影師提供）。

4.第二次進場

　　宴客第二次進場的禮服要俐落，因第二次進場的禮服通常需要逐桌敬酒，建議挑選合身或裙襬好走動的禮服款式，忌蓬裙或長裙襬的款式，方便敬酒。因此，最好挑選簡單俐落的線條，避免移動的時候裙襬被踩住。有自信的新娘可以選擇突顯自己身材的禮服，例如搭配胸線、腰線等款式的禮服；最好是bling bling的禮服，合身剪裁，避免蓬裙或拖尾；推薦單肩領、平口領或桃心領款式；禮服顏色不拘，展現當天女主角的特色。

第二次進場婚紗示意圖

資料來源：森森影像工作室─婚攝森森，2015（王森森攝影師提供）。

5.謝客

宴客的謝客禮服，禮服正面的設計要好看，建議挑選亮色的婚紗或款式誇張的禮服，與賓客拍照能更顯華麗有特色。賓客多在謝客的時候和新人拍照，因此新娘不宜挑選太典雅、太含蓄的禮服；建議禮服要亮麗、要誇張、更要搶眼，例如挑選大蝴蝶結、誇張的蛋糕大蓬裙、bling bling的閃亮禮服等款式；敢穿的新娘可嘗試深V的禮服，展現好身材；禮服顏色可依新娘的喜好與季節等考量而定。

謝客禮服

資料來源：（左圖）樂思攝紀工作室，2016（劉宜芳攝影師提供）；（右圖）樂思攝紀工作室，2016（林宗德攝影師提供）。

③教堂禮服

　　建議教堂禮服以典雅款式為宜，避免穿著過分低胸的婚紗，須注意對神職人員的尊重禮儀；尤其是某些儀式，新人需跪下來，新娘在聖像之前，宜表現典雅含蓄的氣質。因此，新娘選擇教堂婚紗長裙襬或短裙襬，需考慮婚禮舉行的場所，以及其他的環境因素。在教堂舉行婚禮，新娘所選的花童年紀不宜太小，因為花童需提起新娘裙襬，年紀太小容易絆倒。

教堂禮服示意圖

資料來源：（左圖）樂思攝紀工作室，2016（劉宜芳攝影師提供）；（右圖）樂思攝紀工作室，2016（林宗德攝影師提供）

④公證結婚禮服

　　建議宜挑選稍微離地的小蓬裙婚紗，或長及足踝呈A字剪裁的直身婚紗；若對美腿充滿信心，可以嘗試迷你婚紗或及膝禮服。

公證結婚禮服示意圖

資料來源：（左圖）樂思攝紀工作室，2016（林宗德攝影師提供）；（右圖）森森影像工作室—婚攝森森，2015（王森森攝影師提供）。

　　彙整以上婚紗選擇條件與限制，綜理婚紗挑選重點如下表所示。

婚紗挑選重點綜理表

重點	內容
展現長處	在鏡中好好端詳新人，再決定新人適合穿什麼樣子的婚紗。有些婚紗款式乍看可能不喜歡，但穿上的效果會意想不到得好。
各種白色	真正的純白色容易使人的膚色顯得蒼白。因此在挑選白色系禮服時需謹慎；嘗試各種白色的禮服，選擇最適合新人的顏色。
別怕圖案	只要喜歡，並且選對尺寸與比例即可，即便是圓點或橫條。
重視配件	鞋子和首飾需與整體服飾搭配。若特別喜歡某一款式，即便是一條項鍊或一對手鐲，避免配件讓禮服失色；此中秘訣只有一個字：平衡。
不要過度裝飾	若禮服裝飾很多，則頭飾最好簡單些；「平衡」仍是關鍵；避免穿成像「聖誕樹」。
表現人物	將重心放在新人身上，而非時尚的禮服。畢竟新娘才是主角，禮服的功能是襯托新娘的美與特質。
適量修改	新人禮服通常向婚紗店租借，不一定完全符合新人的身形；因此需和婚紗店的裁縫師達成良好溝通，修改合身適合新人的禮服。

資料來源：C'EST BON金紗夢婚禮，2013。

◆依據特殊情形挑選婚紗

選擇婚紗禮服的時候，須考慮新人適不適合這套婚紗。尤其有以下特殊情形的新娘，掌握挑婚紗的小秘訣，選擇適合的婚紗，依然可穿出典雅浪漫的氣質。

1. 雙下巴的新娘：過於複雜、太高的領型、墊肩與綴飾，會讓新人雙下巴更明顯；ㄇ字領是最好的選擇。髮型力求簡單，配飾不宜太複雜。

2. 脖子較長的新娘：最好選擇高領禮服款式，避免V型、U型或低肩的禮服，飾品搭配也不要選擇細條項鍊。保持頭髮和頸線之間的平衡感，較低式的髮型較為適合。

3. 脖子較短的新娘：V領、U領、一字領都是不錯的款式選擇，圓型領也可以拉高頸部線條；訣竅是多露少包。梳高頭髮及利用耀眼的飾品，是不錯的方法。

4. 肩部較寬的新娘：寬肩指的是肩部的線條過長，可選擇有垂直線條剪裁及船型領的禮服；適當的綴飾可柔和過寬肩膀的效果。飾品搭配以細長的項鍊為宜，選擇柔淡的紗與緞，呈現夢幻的柔美色澤，可淡化肩膀過寬予人健壯的感覺。

5. 胸部過度豐滿的新娘：保持頸部到腹部之間線條的簡潔俐落，適當的褶飾，以及微低的領型，可讓胸部感覺小一點；蓬袖及細帶，都會讓胸部顯得更壯觀。

6. 小腹突出的新娘：輕柔細軟的婚紗材質會凸顯腹部突出，緞質、A字婚紗，不會緊貼，會隨著身體的律動而得到修飾的效果，避免挑選蕾絲或綴飾太多的禮服。腰部的線條不宜太緊或複雜，可利用多層次的禮服掩飾（參考婚禮情報，2015）。

7. 奉子完婚的新娘：奉子完婚的新娘，千萬不要為掩蓋鼓起的肚子，而穿緊身的婚紗；因為對寶寶不健康，同時對身體沒有好處。帶寶寶的新娘，予人特別的韻味；訂製婚紗時，估量結婚

一週前的體形，量身訂做合適腰圍的婚紗，並修改尺寸，也可以成為幸福美麗的新娘。

新娘挑選婚紗禮服速配法則

	臉大的新娘	臉小的新娘
臉型	1.運用長耳環修飾臉型。 2.用頭紗、髮型修飾大臉。 3.應用禮服造型把頸線拉長，例如低胸V領的禮服是個好選擇。	1.避免配戴太誇張、太大的飾品，例如耳環、項鍊。 2.頭紗、髮型不宜太複雜，才能展現全身比例協調。
	手臂較粗的新娘	**手臂較細的新娘**
手臂	1.儘量選擇有袖的禮服。 2.若選擇線條優美無袖的禮服，再加披肩，也很美麗。	1.太過瘦骨的細臂，也不適合穿無袖。 2.穿無袖亦可配戴緊貼長手套及飾品。
	腰較粗的新娘	**腰較細的新娘**
腰身	1.選擇強調上半身設計的禮服。 2.避免強調腰部設計，增加水桶腰或直腰的膨脹。	可穿強調腰身線條的禮服。
	身材豐腴的新娘	**身材嬌小玲瓏的新娘**
體型	1.宜穿低領禮服，腰部、裙襬設計不要太繁雜。 2.身材豐腴的新娘儘量避免亮緞材質的禮服，以及高領款式。 3.最好選低領；且腰部、裙襬的設計應避免繁複。 4.上身豐滿的新娘，最好選擇上身設計簡單能展現胸線的婚紗。 5.下身豐滿者，則不要選擇皺褶為設計重點的婚紗。	1.適合中、高腰、紗面、腰部打摺的白紗，可修飾身材比例。 2.避免下身裙襬過於蓬鬆，反而頭輕腳重。 3.肩袖設計也應避免誇張，例如大泡袖或大荷葉。 4.上身可以華麗、多變化。 5.裙襬和頭紗避免過長。 6.腰線可採V字微低腰設計，以增加修長感。 7.纖瘦的新娘最好穿著高領、長袖的禮服，例如打層次、荷葉邊或黛安娜式的禮服都很合適。

	矮的新娘	高的新娘
身高	1.適合中、高腰的禮服。 2.避免裙襬太蓬鬆，才不會頭重腳輕。	1.修長者：A窄襬式、緊身魚尾下襬的禮服，都能展現其曼妙身材。 2.高瘦者：加強兩肩設計的禮服，看起來更有精神，例如墊肩、大泡袖荷葉，上身線條宜多變化；避免露肩、露胸的款式。
	較白皙的新娘	較黝黑的新娘
膚色	選擇粉嫩色系的婚紗，會襯托肌膚更加柔美白皙，並為甜美可愛的感覺加分。	可以挑選亮色系的婚紗，營造出健康而性感的氣息，能突顯衝突又搶眼的美感。

資料來源：婚禮情報，2015；作者綜理。

四、伴娘禮服與配件

　　婚禮當天，伴娘隨時協助新娘在側，並貼心為新娘打點細節。因此，伴娘的人選，多從閨中好友、姊妹淘或年輕親友擔任。有些伴娘甚至能提前協助新娘打理籌備婚禮之瑣事，或提供婚禮相關建議。

　　伴娘除了擔任新娘的超級好幫手外，美麗地出席婚禮也很重要；原則是「禮服需搭配新娘的白紗」，其他的小細節包括：(1)禮服款式需簡潔；(2)忌諱黑色服裝，黑色絲襪不可穿；(3)切勿佩戴頭紗；(4)淡妝最相宜；(5)避免佩戴貴重首飾；(6)好穿、好走、好活動；(7)避免穿著超短裙等。說明如次。

(一)禮服款式需簡潔

　　伴娘穿著簡潔的禮服，展現美麗與優雅的氣質。除非要搭配特別的主題婚禮，基本上，大部分的伴娘禮服都會採取簡潔俐落的設計，在色調的選擇上也多半採取比較柔和的顏色，以便襯托婚禮女主角「新娘」的亮眼。

伴娘禮服簡潔示意圖

資料來源：森森影像工作室—婚攝森森，2016（王森森攝影師提供）。

(二)忌諱黑色服裝，黑色絲襪不可穿

婚禮當天，避免穿黑色的禮服與黑色絲襪，特別是網狀的絲襪。

(三)切勿佩戴頭紗

婚禮當天，頭紗屬於新娘佩戴具特別意義的頭飾；所以，伴娘的頭上不能有喧賓奪主的頭飾，以及設計過度繁複的髮型。婚禮當天，即便新娘未佩戴頭紗，伴娘也不宜配戴頭紗。

伴娘勿佩戴頭紗示意圖

資料來源：森森影像工作室—婚攝森森，2016（王森森攝影師提供）。

(四)淡妝最相宜

婚禮當天,伴娘盡可能以淡妝為宜,切忌濃妝豔抹;擔任配角的伴娘,簡單的妝容,表現優雅氣質,以襯托新娘的亮麗。

伴娘淡妝示意圖

資料來源:樂思攝紀工作室,2016(劉宜芳攝影師提供)。

(五)避免佩戴貴重首飾

伴娘佩戴的首飾,不能太搶眼或太貴重。若禮服太單調,可善用小配飾,例如腰飾、手環等;穿金戴銀在婚禮當天是新娘的工作。

伴娘避免佩戴貴重首飾示意圖

資料來源:樂思攝紀工作室,2016(林宗德攝影師提供)。

(六)好穿、好走、好活動

　　婚禮當天，伴娘需協助新人許多瑣事；因此，伴娘避免穿著不便行走的款式，例如拖地魚尾裙、緊身窄裙等款式；美麗的A字裙襬或希臘風的寬鬆裙襬都相當適合活動，伴娘們可考慮這類型的禮服。鞋子的選擇，太高或不好走的鞋子，婚禮當天也不適合。

伴娘挑選好活動婚紗示意圖

資料來源：樂思攝紀工作室，2016（林宗德攝影師提供）。

(七)避免穿著超短裙

　　婚禮當天，伴娘避免穿太短的裙子，除了不方便活動，長輩們可能較習慣看到穿著端莊典雅的伴娘（C'EST BON金紗夢婚禮，2013）。

五、新郎西裝禮服身材挑選小秘訣

　　結婚當天，新娘依不同時段，穿著美麗的婚紗禮服，婚禮當天新郎也該穿著帥氣西裝，展現公主與王子的美麗幸福結合。新郎依據身形及場合等條件，挑選合適的西裝與配件，可掌握以下小秘訣。說明如次。

(一)身形選擇

◆ 矮小型新郎

　　最適合簡單款式的禮服，儘量避免燕尾服、雙排扣；因為這些禮服的比例凸顯雙腳更短小，為避免自曝其短，應該避免挑選。

◆ 高大型新郎

　　此類型的新郎適合穿任何型式的禮服，尤其以雙排扣和燕尾服最為出眾。

非高大型新郎禮服示意圖
資料來源：森森影像工作室—婚攝森森，2015（王森森攝影師提供）。

高大型新郎禮服示意圖
資料來源：（上圖）GET MARRY 唯婚誌，2015；（下圖）樂思攝紀工作室，2016（林宗德攝影師提供）。

◆削瘦型新郎

建議穿著剪裁有些圓身，能讓身形顯得略有分量的禮服，遮掩削瘦的身形，避免穿太緊身的禮服。

削瘦型新郎禮服示意圖

資料來源：樂思攝紀工作室，2016（林宗德攝影師提供）。

◆壯碩型新郎

利用各種體型的平口服，避開較圓的新月領。新郎禮服的西裝領，以有稜有角的劍領，比較適合豐潤的臉型。禮服顏色儘量選擇深色系，避免淺色、燕尾服及開雙襟的禮服。

壯碩型新郎禮服示意圖

資料來源：（左圖）GET MARRY唯婚誌，2015；（右圖）森森影像工作室—婚攝森森，2015（王森森攝影師提供）。

(二)特殊需求

◆成熟型新郎

　　新月領形狀像兩片月眉，它的圓順感，是年輕人偏愛的外套領形；帶有些許霸氣的劍領和保守的西裝領，是年紀稍大者喜愛選擇的款式。

成熟型新郎禮服示意圖

資料來源：（左圖）樂思攝紀工作室，2016（劉宜芳攝影師提供）；（右圖）樂思攝紀工作室，2016（林宗德攝影師提供）。

◆啤酒肚型新郎

　　適合款式簡單、深色的單襟禮服，這種款式在視覺上可將身形拉長。切記不要穿雙排扣、燕尾禮服，因為這類型的禮服焦點目光，容易放在肚子的位置。

啤酒肚型新郎禮服示意圖

資料來源：Queena昆娜經典婚紗，2014。

(三)新郎穿著注意事項

1. 有些宴會場地服務人員會著西裝，先詢問款式，以免撞衫。

2. 注意襪子的顏色是否與禮服及皮鞋搭配。

3. 襯衫第一顆鈕釦扣上後，與頸部應有一隻大姆指的距離。

4. 襯衫袖口應剛好覆蓋手掌的虎口位，穿上禮服後袖口露出禮服約1～2公分；讓西裝與襯衫產生層次感，看起來更有精神。

5. 不繫領帶，襯衫領口最上面的鈕釦打開，有種灑脫自在的優雅。

6. 襯衫領子扣緊後的大小，以塞進一個手指的鬆緊度為宜。

7. 襯衫的下襬在褲腰外，帥氣感十足；反之，予人穩重的感覺。

8. 檢查袖管的長度，把手垂下，袖管在手背中間的位置為最佳。

9. 留意褲子的中心線是否順織紋垂直落下，大腿部位應留有適當的空間。

10. 襟花地位舉足輕重，有助於彰顯新郎的地位，吸引賓客目光。尊重傳統，最好不要選純白色的款式。

11. 西服與襯衫必須前後平整貼身，領口、袖口不起褶。

12. 試禮服時，立正照鏡，查看肩位是否對稱。

13. 禮服可以修身一點，但不可過於貼身，要扣起鈕釦，雙手舉高也沒問題。

14. 新的襯衫最好先洗淨後穿著，避免全新襯衫折痕及髒汙。

15. 宜選無鞋帶的皮鞋，避免當眾繫鞋帶。

16. 預備一件禮服恤衫，方便替換。

17. 預留半年至九個月時間挑選禮服。（參考我要結婚了WeddingDay，2013；婚禮情報，2015）

六、禮服租借

結婚是開心的事，為避免禮服租借過程產生不愉快的經驗，租禮服之前一定須做功課，瞭解禮服租借的流程。

(一)店家的信譽

拍婚紗照之前，不妨先上網搜尋使用者的心得，參考別人拍婚紗照的經驗，找一家信譽好的店家，並親自探訪，觀察店家規模、接待人員的態度、禮服的數量，以及所拍攝的婚紗作品風格等。

(二)禮服的清潔和完整

決定拍攝婚紗之前，先觀察禮服公司禮服的清潔性與完整度，例如是否有小細節汙點，亮片或是水鑽有沒有脫落，並感受禮服公司的環境管理，以及公司對禮服保養管理的重視度。

(三)修改禮服

拍攝婚紗的禮服，多數不是量身訂做的；因此，租禮服前應該確定喜歡的禮服是否適合自己的身材修改。一般禮服都可以修改到新人需要的尺寸，但是有一些出租禮服店，修改禮服需要再付費；所以修改之前，新人一定要先問清楚，改完一定再試穿，確定修改的禮服完全符合新人的身材。

(四)價格與租期

租禮服之前須先確認禮服的價格，以及確認禮服的檔期；一般婚紗的租期為三至五天，每間公司租禮服的日期不同，新人需確實向禮服公司確認相關細節。

(五)清潔費問題

部分禮服公司的禮服租金不包含清潔費，新人在租禮服時，須先確認，以免超出預算。

(六)租禮服前的重點提醒

1. 檢查禮服：確認禮服的完整性，例如亮片水鑽是否脫落、禮服是否有瑕疵等。
2. 確認租借及歸還日期：部分禮服店嚴格註明禮服歸還時間，部分的貼心店家允許在婚禮前一天任何時刻拿取禮服，新人可穿完隔天再歸還。
3. 確認賠償條件：新人事先瞭解禮服在什麼情形下要罰錢，要罰多少？婚宴過程中，常出現白紗沾汙的情形，新人一定要問清楚。

(七)拿回禮服的保護

租借禮服都以專用衣套保護，取回家時，新人須將禮服掛妥，避免禮服皺褶，穿時不好看。

(八)歸還禮服

新人歸還禮服時，須當場和禮服公司確認禮服的完整性，一般禮服店對於禮服的小毀損，不會刁難新人，若要求新人補償，應以合約內容規定處理（參考尋找美好事物部落格，2015）。

Chapter 3

主題婚禮的新娘捧花

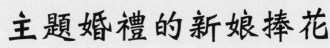

每一位新娘都希望結婚當天成為最美的公主，留下一生的美好回憶，新人的完美整體造形，展現在配件的細節中。除了新娘服飾是當天的重點，新娘捧花的顏色、造型與材質等，成為新娘整體造形美麗細緻而加分的配件。捧花的花卉選擇，多與結婚意涵有關，如「幸福」、「富貴」、「忠誠」、「愛情」、「永恆」、「純潔」等花語。和挑選婚紗禮服原則雷同，捧花的選擇必須配合新娘的身形與所穿的婚紗款式等條件。

 ## 一、花卉的意義與盛開季節

古代西方習俗，認為氣味濃烈的香料、香草，或大蒜和細香蔥等，可以護衛婚禮的人免遭厄運與疾病的侵害。這習俗被流傳後，衍生現代婚禮結合花卉布置及新娘手持捧花更多的意涵；例如未婚女子在婚禮上接到新娘丟出的捧花，就會找到自己的幸福伴侶。

花卉有各種顏色，予人高雅、自然、幸福、純潔、生命活力、浪漫或祝福等許多意涵；每一種花卉象徵不同的意義，稱為「花語」。

新娘的捧花或花球選擇，可從新娘所穿婚紗的顏色為配襯；若非配合主題婚禮的風格，非得使用特殊花材，符合現代人的生活美學觀念與態度，可因應不同的季節，選擇當季的鮮花，既環保又實惠。例如春天宜選鬱金香、麝香豌豆花和鈴蘭；夏天可選玫瑰；秋季選百合及太陽菊；冬季的銀蓮花和毛茛花都是最漂亮的。春夏兩季的溫度較高，所以適宜選用一些色澤偏淺、不易凋謝的花卉；秋冬兩季就可選配顏色較深的花種。新人依據季節選擇花材，不但環保、節約，稍微用心搭配，可展現新娘完美的整體造形。

婚禮布置與捧花，適合使用的花卉所代表的意義，綜理如下表所示。

花卉的意義綜理表

花的種類	蝴蝶蘭	花的種類	木蘭花
象徵意義	輕巧美妙	象徵意義	靈魂高尚
盛開季節	1月～4月	盛開季節	2月～3月

花的種類	麝香豌豆花	花的種類	馬蹄蓮（海芋）
象徵意義	新生活	象徵意義	忠貞不渝，永結同心
盛開季節	2月～4月	盛開季節	3月～4月

花的種類	鬱金香	花的種類	石斛蘭
象徵意義	愛的宣言	象徵意義	清純秀麗
盛開季節	3月～5月	盛開季節	3月～5月

花的種類	滿天星	花的種類	毋忘我
象徵意義	真愛	象徵意義	永誌不忘
盛開季節	3月～7月、9月～11月	盛開季節	3月～11月

（續）花卉的意義綜理表

花的種類	鈴蘭	花的種類	毛茛花
象徵意義	幸福的歸來	象徵意義	受歡迎
盛開季節	4月～5月	盛開季節	4月～5月

花的種類	太陽菊（非洲菊／扶郎花）	花的種類	白百合
象徵意義	熱情	象徵意義	清新純潔
盛開季節	4月～5月、9月～10月	盛開季節	4月～9月

花的種類	火百合	花的種類	金百合
象徵意義	濃烈愛火	象徵意義	溫馨甜蜜
盛開季節	4月～9月	盛開季節	4月～9月

花的種類	黃百合	花的種類	跳舞蘭
象徵意義	傾情愛慕	象徵意義	活潑跳脫
盛開季節	4月～9月	盛開季節	5月～6月、10月～11月

（續）花卉的意義綜理表

花的種類	天堂鳥	花的種類	向日葵
象徵意義	自由幸福	象徵意義	充滿希望
盛開季節	6月～7月	盛開季節	6月～9月

花的種類	情人草	花的種類	白玫瑰
象徵意義	快樂	象徵意義	天真純潔
盛開季節	8月～10月	盛開季節	9月～4月

花的種類	黃玫瑰	花的種類	紅玫瑰
象徵意義	友愛關懷	象徵意義	熾熱愛火
盛開季節	9月～4月	盛開季節	9月～4月

花的種類	粉紅玫瑰	花的種類	香檳玫瑰
象徵意義	浪漫溫馨	象徵意義	甜蜜醉人
盛開季節	9月～4月	盛開季節	9月～4月

（續）花卉的意義綜理表

花的種類	紫玫瑰	花的種類	蕙蘭
象徵意義	永恆的愛	象徵意義	聖潔無瑕
盛開季節	9月～4月	盛開季節	10月～4月

花的種類	瑪格麗特	花的種類	銀蓮花
象徵意義	情人的愛	象徵意義	希望
盛開季節	10月～5月	盛開季節	11月～4月

花的種類	薰衣草	花的種類	拖鞋蘭
象徵意義	等待愛情	象徵意義	變幻神秘
盛開季節	11月～5月	盛開季節	11月～12月

花的種類	風信子	花的種類	月見花
象徵意義	恆心	象徵意義	默默的、不羈的心
盛開季節	12月～4月	盛開季節	全年

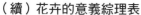

（續）花卉的意義綜理表

花的種類	紅掌	花的種類	八仙花（繡球花）
象徵意義	熱情	象徵意義	美滿
盛開季節	全年	盛開季節	全年

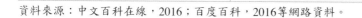

資料來源：中文百科在線，2016；百度百科，2016等網路資料。

二、捧花類型

現代新人隨著時代的演變，紅色捧花已經不再是新人的唯一選擇，有更多的花卉提供新人可依據禮服款式、顏色、材質、花語，以及主題婚禮系列搭配，營造婚禮浪漫經典的氛圍。由於捧花以婚禮中應用為主，具有很強的觀賞性和表演性，透過花藝師的藝術巧思和精心作法，應用「穿、戴、扛、頂、挎、提」等多種形式，展示捧花的多元樣貌。

新娘的捧花有許多款式，大致包括傳統捧花、中式捧花、西式捧花等。傳統捧花是以膠花托（俗稱雪糕筒）式，適合較傳統及隆重的婚禮，形狀設計包括圓形、長形、橢圓形、三角形、拖尾形（搭配拖尾婚紗）等為主。中式花球是以花色鮮艷顏色，如紅、橙、粉紅或金黃為主，搭配裙褂或旗袍。旗袍較貼身，所以圓形及橢圓形的花球最為合適。西式捧花設計較為多元化，例如心形、扇形、花傘形、花籃形等，體積較大，搭配大裙襬之婚紗最為恰當。

除了上述中西式較傳統的捧花，更多的花藝師創作浪漫而精美的捧花款式，以因應主題婚禮市場的需求。捧花種類，依捧花款式，大

致包括：(1)手綁捧花；(2)特殊捧花；(3)單樣圓形捧花；(4)標準圓形捧花；(5)垂墜式捧花（瀑布形捧花）；(6)手提繡球捧花；(7)球形捧花；(8)圓形三段式捧花；(9)水滴形捧花；(10)S形捧花；(11)環形捧花；(12)提籃式捧花等。

(一)手綁捧花

手綁捧花，是西方婚禮經常所使用的捧花款式；就像隨興從花園中採摘的新鮮花材，自然地使用花朵與綠色花材綑綁，散發自然的鄉野風格。台灣許多新人拍婚紗照時，選擇紫羅蘭、情人草及滿天星等，作為手綁捧花素材；若善用緞帶的裝飾，宛如千變女郎般讓人驚豔。此款捧花非常適合大自然型的西式戶外婚禮，或別開生面的婚禮使用。

手綁捧花示意圖

資料來源：（左上圖）樂思攝紀工作室，2016（林宗德攝影師提供）；（右上圖、左下圖）森森影像工作室—婚攝森森，2015（王森森攝影師提供）；（右下圖）幸福紀錄特派員，2016（阿杜攝影師提供）。

(二)特殊捧花

　　整體花朵，造型簡單，看起來像一朵超級綻放精緻的大花，其實是一片一片花瓣黏上主體花朵加工，非常費時又費工。

特殊捧花示意圖

資料來源：WeddingDay自助婚紗第一站，2013。

(三)單樣圓形捧花

　　單樣圓形捧花，顧名思義花朵是依序地環繞主體花排列，完全沒有其他色彩花朵及綠葉，屬於簡易型捧花類型。

單樣圓形捧花示意圖

資料來源：森森影像工作室—婚攝森森，2014（王森森攝影師提供）。

(四)標準圓形捧花

標準圓形捧花，是應用不同花朵及顏色，結合緞帶或絲帶綑綁，依據新娘婚紗顏色及新娘喜好搭配，創造獨特的捧花，是市面上非常受新人歡迎的捧花款式。

標準圓形捧花示意圖

資料來源：（左圖）森森影像工作室—婚攝森森，2015（王森森攝影師提供）；（右圖）樂思攝紀工作室，2016（林宗德攝影師提供）。

(五)垂墜式捧花（瀑布形捧花）

垂墜式捧花，又稱瀑布形捧花，花束造型如瀑布般，搭配花朵、藤蔓與葉片整體造形，由上往下自然垂落，線條柔和，花與枝葉紛披下垂，具有飄逸、灑脫、華麗之美；意味新人結婚如藤蔓般蔓延著幸福，予人夢幻高貴典雅的感覺，是許多貴族名媛選擇的婚禮捧花款式。垂墜式捧花，適合搭配修身式婚紗，適合晚宴迎賓、教堂婚禮等正式場合。當年黛安娜王妃與查爾斯王子結婚，便手捧典雅的垂墜式捧花。

垂墜式捧花示意圖

資料來源：WeddingDay自助婚紗第一站，2013。

(六)手提繡球捧花

手提繡球捧花，款式優雅，是非常適合小花童及新娘拋捧花使用的手提式繡球捧花，造型圓滿，意味新人婚姻幸福美滿。

手提繡球捧花示意圖

資料來源：WeddingDay自助婚紗第一站，2013。

(七)球形捧花

　　球形捧花，是現代常見的新娘捧花造型，無論是球形或半球形，造型可愛討喜且富於變化，可依據新娘的婚紗款式、顏色、風格與婚禮主題，以及不同的場合，自由搭配調整。

球形捧花示意圖

資料來源：（左圖）樂思攝紀工作室，2016（劉宜芳攝影師提供）；（右圖）樂思攝紀工作室，2016（林宗德攝影師提供）

(八)圓形三段式捧花

　　是由三個大小不同的圓形組合而成，下垂的曲線可依喜好加以變化。原則上，高挑的新娘比較適合此款捧花，並且適合搭配曲線明顯和華麗的婚紗禮服。

圓形三段式捧花示意圖

資料來源：森森影像工作室—婚攝森森，2015（王森森攝影師提供）。

(九)水滴形捧花

　　水滴形捧花，基本構圖為一半球形和三角形的組合，就像水滴的形狀。水滴形捧花與圓形捧花相同，適合與任何款式的婚紗搭配的「百搭款」捧花，十分受新人喜愛。

(十)S形捧花

　　S形捧花，屬於圓形捧花所演化的變化造型；S弧度的比例可依新人的喜好加以調整。S形捧花優雅的線條予人溫和典雅的感覺，適合與古典、傳統的直筒形婚禮禮服搭配，能烘托新娘典雅、文靜、樸實的氣質。

水滴形捧花示意圖
資料來源：泡泡網，2012。

S形捧花示意圖
資料來源：泡泡網，2012。

(十一)環形捧花

　　環形捧花，是造型多變的捧花；除了圓形環形捧花外，心形捧花也頗受新人喜愛，環形可應用藤類等可塑性材質。環形捧花可依花材的顏色，塑造豔麗、清新或典雅等不同的氣息。

環形捧花示意圖

資料來源：（左圖）唯婚誌，2016；（右圖）松竹園花坊，2016。

(十二)提籃式捧花

太長或太大的捧花，不適合身材嬌小的新娘；為避免顯得頭重腳輕，選擇圓形或球形花束比較合適。提籃式捧花，造型較時尚，可以依據新娘的身材編織設計輕盈精巧的提籃式捧花，展現新娘的個性美。當年日本太子妃雅子的婚禮便使用提籃式捧花。

提籃式捧花示意圖

資料來源：（左圖）昵圖網，2016；（右圖）西子婚嫁，2016。

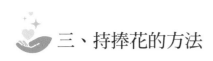 ## 三、持捧花的方法

結婚當天,新娘的禮服、妝髮與捧花等整體造形,是整場婚禮的焦點,新娘所持捧花的款式與方式,能展現新娘優雅、美麗、細緻與浪漫的氣質。以下簡介新娘持捧花的方法與重點。

1. 新娘持捧花時,留意捧花正面須朝外,放在腰部正中(約肚臍位置),小指與拇指同側,將花整個夾住,把花束固定;或選擇自然舒適的方法,將捧花與新娘身體融為一體;切忌動作刻意,反失美態。

2. 新娘如果是雙手持捧花,需抬頭挺胸,雙肩自然地垂下,雙手持花置於腰骨的上方,這樣能予人怡然舒適、自信穩重的感覺。如果將捧花提高置於胸前,肩膀會提高,予人緊張的感覺。

3. 新娘若想減輕手握的負擔,可將雙手彎曲,靠在腰側。

4. 新人在證婚的時候,通常新郎是站在新娘的右側;因此,如果新娘單手持花,則以左手握住捧花。如果新娘選擇俏皮可愛的球形捧花,則以左手像手提包般提捧花,或掛在左手手腕上。

持花球示意圖

資料來源:(左圖)樂思攝紀工作室,2016(林宗德攝影師提供);(右圖)樂思攝紀工作室,2016(劉宜芳攝影師提供)。

四、捧花挑選重點

美麗的新娘婚紗多樣多款，瞭解新娘的體型、膚色等條件，挑選適合新娘的捧花款式，能讓新娘的整體造形更為加分，接到新娘捧花的未婚女性，也能分享新娘的美麗與幸福。

選擇新娘捧花或花球，需注意：(1)花材質感搭配婚紗造型；(2)捧花（花球）環繞主題風格；(3)捧花（花球）與婚紗整體色彩融合。掌握以上選擇原則，捧花可以畫龍點睛，增添新娘整體的浪漫情懷。

新娘和姊妹淘可選擇適合新娘婚紗的顏色與花材，加上緞帶及別針等素材，一起動手做捧花；除了節省預算，接到捧花的姊妹淘更能感受到新人的心意與傳遞的幸福感。

(一)花材質感搭配婚紗造型

不同材質的婚紗，需搭配不同質感的花材，傳遞新娘的整體氣質，例如線條流暢的馬蹄蓮（海芋），適合搭配光滑的綢緞；花型較大、顏色單一的百合花、紅掌等花材，適合搭配緞面婚紗。

(二)捧花（花球）環繞主題風格

訂定主題婚禮風格後，婚禮的規劃細節需環繞在主體風格的呈現與融合，新人選擇捧花需搭配主題婚禮風格；例如古典婚禮風格的婚紗禮服，可選擇球形或瀑布形捧花，顏色以高雅大方的花材；時尚感較強的婚紗禮服，則可選擇提包式、花球式等非傳統類款式。如果新娘的婚紗禮服已有許多裝飾，則選擇顏色單一、花材不超過三種的捧花為宜。

(三)捧花（花球）與婚紗整體色彩融合

新人選擇適當的捧花（花球），能提升新娘整體造形的色彩平衡感；例如簡潔大方的白色捧花（花球），搭配米色、象牙色或香檳色

的婚紗禮服，展現高貴雅致的氣質；而新人選擇裝飾較多的純白色婚紗禮服，可搭配同一花材、不同色彩的捧花（花球），展現層次感，卻不複雜。

此外，身材嬌小型的新娘，宜挑選小巧精緻的花束，法式圓形花球最適合。身材豐腴型的新娘，應避免圓形設計，最好選擇瀑布形、放射形或流線形的捧花。如果是下圍較豐滿的新娘，捧花就不宜太大而拖長尾，圓形法式花球最好。而高大型的新娘，選擇水滴形或瀑布形的捧花都適合。新人依據身形挑選捧花的重點，綜理如下表所示。

依據身形挑選捧花重點綜理表

新娘身形	捧花款式
高大型	可選用大束或橫向式設計的捧花，例如彎月式、瀑布式或水滴形。
矮小型	適宜選用小巧、有高度線條美的捧花，例如歐陸線條、Nosegay式或法式圓形花球。
中等型	任何款式皆可，其中以碎花捧花為首選。
豐腴型	應避免圓形設計，最好選擇瀑布形、放射形或流線形的捧花。若是下圍較豐滿的新娘，捧花就不宜太大而拖長尾，圓形法式花球最好。

新娘婚紗禮服與捧花（花球）搭配重點，綜理如下表所示。

新娘婚紗禮服與捧花（花球）搭配重點綜理表

婚紗禮服顏色	捧花（花球）配搭	說明
白色	可配合各種色彩的捧花（花球），鮮色捧花（花球）展現強烈對比；淺色捧花（花球）呈現和諧效果。	1.粉嫩系捧花讓幸福感倍增，不但新人喜愛，台灣長輩較能接受。 2.淺淺色調浪漫捧花是極唯美婚禮中，不可缺少的色系。
象牙色	可配粉紅、香檳色或粉紫色的捧花（花球）。	3.典雅紫色系捧花顯得更特別。 4.個性捧花的色彩有相當的藝術性。
奶白色	可配粉紅、香檳色捧花（花球），但宜加點其他顏色的小襯花托底。	5.綠色植物捧花予人自然清新感，婚禮布置和婚紗禮服很浪漫時，捧花可以拿素雅些。
米色	可襯淺紫或鮮黃色捧花（花球）。	6.薰衣草玫瑰捧花可使用麻繩綑綁，隨興將兩樣花朵組合起來，感覺典雅別緻。
粉色系	可配襯與婚紗同系的鮮色花材。	7.繽紛彩色捧花很適合伴娘，增添婚禮青春活力。

主題婚禮規劃

粉嫩系捧花示意圖

資料來源：（左上圖、下左圖）樂思攝紀工作室，2016（林宗德攝影師提供）；
（右上圖）樂思攝紀工作室，2016（劉宜芳攝影師提供）；（右下圖）幸福紀錄特
派員，2016（阿杜攝影師提供）。

淺淺色調浪漫捧花示意圖

資料來源：（左圖）森森影像工作室—婚攝森森，2015（王森森攝影師提供）；
（中圖、右圖）樂思攝紀工作室，2016（林宗德攝影師提供）。

個性橘黃色系捧花示意圖

資料來源：（左圖）森森影像工作室—婚攝森森，2015（王森森攝影師提供）；
（右圖）幸福紀錄特派員，2016（阿杜攝影師提供）。

浪漫純潔白色系捧花示意圖

資料來源：（左圖）森森影像工作室—婚攝森森，2015（王森森攝影師提供）；
（右圖）幸福紀錄特派員，2016（阿杜攝影師提供）。

綠色植物捧花示意圖

資料來源：森森影像工作室—婚攝森森，2015（王森森攝影師提供）。

典雅紫色系捧花示意圖

資料來源：（左圖）樂思攝紀工作室，2016（林宗德攝影師提供）；（右圖）森森影像工作室—婚攝森森，2015（王森森攝影師提供）。

薰衣草玫瑰捧花示意圖

資料來源：（左圖）WeddingDay自助婚紗第一站，2013；（右圖）樂思攝紀工作室，2016（林宗德攝影師提供）。

繽紛彩色捧花示意圖

資料來源：（左圖）樂思攝紀工作室，2016（林宗德攝影師提供）；（右圖）幸福
紀錄特派員，2016（阿杜攝影師提供）。

DIY捧花示意圖

資料來源：WeddingDay自助婚紗第一站，2013。

五、主題婚禮新娘捧花與婚紗搭配風格

　　瞭解花卉所代表的意義，以及捧花適合新娘身形搭配原則，婚禮企劃師便可針對新人期待的主題婚禮，捧花可以有更多的創意與美學設計。配合新娘在主題婚禮希望展現的風格，列舉說明新娘捧花與婚紗搭配重點，以及適合穿著的婚禮場合。

(一)古典派新娘捧花與婚紗搭配風格

　　古典派新娘適合在證婚儀式、迎賓晚宴等時刻，穿著抹胸及地大蓬裙，搭配單色花材製作唯美的球形捧花，增添莊重感，讓華麗復古的婚紗造型增添幾許現代感。

古典派新娘捧花與婚紗搭配風格示意圖

資料來源：樂思攝紀工作室，2016（林宗德攝影師提供）。

(二)浪漫派新娘捧花與婚紗搭配風格

　　浪漫派新娘適合在證婚儀式、迎賓晚宴等時刻，穿著夢幻拖尾大蓬裙婚紗，搭配華麗浪漫的瀑布形捧花，展現新娘高雅莊重氣質。

浪漫派新娘捧花與婚紗搭配風格示意圖

資料來源：森森影像工作室—婚攝森森，2015（王森森攝影師提供）。

(三)優雅派新娘捧花與婚紗搭配風格

優雅派新娘適合在外景婚紗拍攝、雞尾酒會、婚禮派對等時刻，穿著簡潔流暢的輕盈薄紗吊帶魚尾裙，搭配應用極富線條感的馬蹄蓮（海芋）紮成束形的捧花，展現完美新娘的柔美高貴氣質。

優雅派新娘捧花與婚紗搭配風格示意圖

資料來源：非常婚禮，2010。

(四)可愛派新娘捧花與婚紗搭配風格

　　可愛派新娘適合在證婚儀式、外景婚紗攝影、晚宴迎賓、雞尾酒會等時刻，穿著吊帶抹胸式A字形婚紗，搭配應用粉色系具甜美感的球形花，或黃色予人活潑感的球形花，或藍白花色相間的球形花，展現格調優雅又甜美的氣質。

可愛派新娘捧花與婚紗搭配風格示意圖

資料來源：（上圖）樂思攝紀工作室，2016（林宗德攝影師提供）；（下圖）森森影像工作室—婚攝森森，2015（王森森攝影師提供）。

(五)個性派新娘捧花與婚紗搭配風格

　　身材嬌小的新娘適合穿著短款婚紗或時尚感的婚紗，在外景婚紗拍攝、雞尾酒會、婚禮派對時刻，搭配同樣可愛輕巧的球形手拎式捧花，時尚前衛又不失嬌美可人，展現個性派新娘的氣質。

個性派新娘捧花與婚紗搭配風格示意圖
資料來源：蝴蝶結愛女生部落格，2016。

秋季新娘捧花

　　秋天氣候宜人，秋天具備「豐慶」、「富饒」的意涵，在秋天結婚增添浪漫情懷，許多新娘透過捧花呈現季節感。秋天捧花可以金黃色為主色調，很典雅喜氣，這種大地色調能襯托出新娘的氣質和優雅；亦可選擇色彩艷麗、季節感鮮明的花色，例如金黃、橙色、火紅色，都是初秋時節不可或缺的色彩元素，以這些顏色為主色調，再搭配淡雅的淺色花材，便是完美的新娘捧花。

◎秋季新娘捧花的花材

　　可選擇楓葉、海芋、向日葵、千代蘭、蕙蘭、月季等花卉，而類似貓眼、火龍珠、觀賞番茄、松果等漿果類花材，可作為秋季新娘手捧花的裝飾。只要將花卉與果實進行一定比例的巧妙搭配，便能打造初秋婚禮浪漫幸福的捧花。

◎秋季新娘捧花的選擇技巧

　　捧花的色彩須與婚禮的主題色彩和整體布置環境相呼應，亦須與新娘自身的氣質相吻合。新娘的體型、膚色、婚紗樣式，以及新

娘的氣質，都可以影響捧花的選擇。所以新人在訂捧花時，儘量溝通清楚並瞭解這些元素條件，選擇最適合新人的捧花。

秋季新娘捧花綜理表

黃色系列	秋季色調
婚禮捧花經常使用代表「愛情」的玫瑰；以黃色系列作為主色系，並以些許白色的花朵作為亮眼的底襯，整體看起來豐富但不雜亂，非常吸睛。	捧花整體以色彩繽紛的秋季花朵為主調，把大地色系帶有的「勇敢」、「溫暖」特質表露無宜。除了花材外，並加入其他帶有秋季色調的植物素材，讓整體視覺更顯豐富卻不雜亂。

戶外婚禮風格	圓球造型捧花
捨棄傳統的捧花路線，用一束金黃色的小麥當作捧花裝飾，相當適合在田園的戶外婚禮風格。	紮成圓球造型的捧花，造型十分俐落討喜；這款捧花設計以淡橘黃的暖色為主調，配上淺桃紫色的花朵，紮上緞帶，滿滿的秋天情懷就被捧在手心。

資料來源：C'EST BON金紗夢婚禮，2013。

Chapter

4

主題婚禮的貼心配件

新人在結婚的過程中，總希望留下一生最難忘的記憶，尤其是新娘。無論是拍婚紗照或結婚當天的儀式過程，因應主題婚禮的風格，造型師可以透過許多禮服配件、皇冠頭飾、胸花、髮飾、項鍊、戒指、腰帶或婚鞋等配件，呈現新人最亮麗、具特色的整體造形。

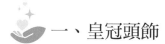 一、皇冠頭飾

西方婚禮在結婚當天，新娘常見戴上皇冠頭飾，象徵公主和王子結婚後，能夠永遠幸福快樂。現代新娘的頭飾，除了皇冠之外，另有花冠、髮飾、帽飾等，新娘可依當天禮服樣式，與造型師溝通，選擇適合的頭飾款式，展現幸福公主的氣質。

新娘皇冠頭飾款式綜理表

俏皮款皇冠	華麗款皇冠
充滿童趣的設計，適合夏日午後的花園婚禮，彷彿回到童年扮家家酒、兩小無猜的時光。	華麗的皇冠，不只是公主，更是女王。

（續）新娘皇冠頭飾款式綜理表

纖雅款皇冠	浪漫款皇冠
纖細優雅的皇冠設計，是氣質路線新娘的首選。不管是搭配繁複蕾絲的婚紗，或是簡潔現代的造型都很適合。	輪廓鮮明的皇冠，帶有些許波希米亞的浪漫情懷，一頭柔美不羈的捲髮紮起，再戴上美麗的冠冕，擁有如中古歐洲公主般的浪漫氣息。

大氣款皇冠
大型的皇冠設計，大氣沉穩，雍容不凡，低調中帶有強烈的存在感。

資料來源：C'EST BON金紗夢婚禮，2013。

皇冠頭飾示意圖

資料來源：（圖1、2、3、4、5、6）樂思攝紀工作室，2016（林宗德攝影師提
供）；（圖7、8、9）幸福紀錄特派員，2016（阿杜攝影師提供）。

花冠頭飾示意圖

資料來源：（上圖）幸福紀錄特派員，2016（阿杜攝影師提供）；（下圖）樂思攝
紀工作室，2016（林宗德攝影師提供）。

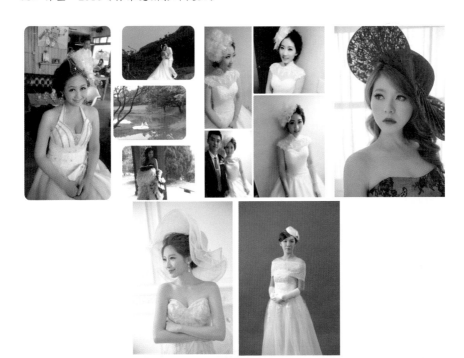

帽冠頭飾示意圖

資料來源：（上圖、左下圖）幸福紀錄特派員，2016（阿杜攝影師提供）；（右下
圖）森森影像工作室─婚攝森森，2015（王森森攝影師提供）。

髮飾示意圖

資料來源：（圖1、2）幸福紀錄特派員，2016（阿杜攝影師提供）；（圖3、4、5）樂思攝紀工作室，2016（林宗德攝影師提供）；（圖6、7、8、9）森森影像工作室—婚攝森森，2015（王森森攝影師提供）。

二、訂婚、結婚戒指

　　古人認為左手無名指的血管直接通往心臟。中古世紀的新郎把婚戒輪流戴在新娘的三隻手指上，以象徵聖父、聖子和聖靈三位一體，最後把戒指套在無名指上；於是左手的無名指就成為英語系國家傳統戴婚戒的手指。除此之外，以下分享關於戒指的傳說、各個國家對於婚戒的意義，以及訂婚、結婚戒指的區別。

戴結婚戒指

資料來源：森森影像工作室—婚攝森森，2015（王森森攝影師提供）。

(一)戒指的傳說

◆ 綁縛的鎖鏈

　　依據文獻記載，最早使用戒指的人是希臘的悲劇英雄——被縛的普羅米修斯。宙斯為懲罰普羅米修斯盜火予人類，將他綁縛在考卡蘇斯山上，每天都有一隻老鷹飛到山上，將他的內臟啄出，到了夜晚，他所失去的器官又會重新長出來。後來，大力士海格力斯殺死老鷹，將普羅米修斯解救出來；原來綁縛普羅米修斯的鎖鏈就化成了他的戒指，流傳到後來，戒指代表相互「維繫」的意思。

◆拜占庭太陽紋符號印章戒指

　　歐洲人從七世紀開始，便相信戒指可使兩個相愛的個體一脈相通。典型的拜占庭古董戒指，用浮雕手法雕刻一對夫妻站在一起，面對基督，代表接受祝福。那個時期的結婚戒指宗教氣息濃厚，戒指在婚姻儀式中具有極重要的意義。

◆古羅馬時期銅戒指

　　古羅馬男子最初送戒指給未來太太為求婚之意。這類戒指是用鐵製的，在戒指上的圖案是一男一女的右手相互緊握。後來，他們用黃金和中低檔寶石，鑄成或雕成浮雕。通常戒指上有希臘文「OMONIA」，意思是「和諧」。在法國，戒指以「Bonne Foi」表示；在義大利，戒指則用「Fede」一字代替。後來有些戒指上的圖案是相互扭在一起的鋼纜，編織成辮狀，或打同心結，象徵婚姻的堅定。

◆受到太陽神阿波羅所守護

　　此外，婚戒之所以戴在無名指上，另一說法是埃及人相信這個手指的血脈直通心房，可以達到主管愛情的地方──心臟。由於古羅馬人認為，無名指是受到太陽神阿波羅所守護的手指；因此，在無名指上戴戒指，尤其是有太陽力量的鑽石戒指，更能強化愛情，讓愛情歷久彌堅，並作為公開宣布結婚盟約的信物。

◆中國婚戒的由來

　　中國的說法是：在古代，君王寵幸過妃子，便給她一個銀指環作憑證，當她產下孩子後，再換成金指環。後來普通百姓也以指環作為婚姻的憑證，漸漸演化為婚戒。

(二)婚戒的意義

◆婚戒要戴在無名指的意義

　　首先伸出兩手合掌，將中指向下彎曲，中指的背與背緊靠在一

起，然後將其他的四隻手指分別指尖對碰；在這個過程之中，五個手指只允許一對分開。先張開那對大拇指，大拇指代表我們的父母，能夠張開；代表每個人都將生老病死，父母有一天也將離我們而去。再合上大拇指，再張開食指，食指代表兄弟姐妹，他們也都將有新的家庭，也將離開我們。合上食指，再張開小拇指，小拇指代表子女，子女長大後有一天將有新的家庭生活，也將離開我們。合上小拇指，再試著張開無名指；這時大家會驚覺無名指怎麼也張不開，因為無名指代表夫妻，是一輩子都不分離的，意指夫妻的真愛，是永生永世永恆都不分離的。

◆ 選擇婚戒材質的個性

坊間流傳，對男士而言，戴純銀戒指表示性情溫和，易遷就他人；戴金戒指者較重視利益，具備精明的生意頭腦；戴翡翠玉石者注重品味素質，處事嚴謹。對女士而言，喜愛粉紅鑽或粉紅色珊瑚者，感情豐富而浪漫；喜愛紅寶石者，熱情似火；喜愛藍寶石或海藍寶石者，較內向冷淡；喜愛祖母綠或土耳其石者，情感纖細（參考結婚新人看過來│❤N個你必看的訂結婚重點❤，2012）。

◆ 手指佩戴戒指的意義

依據古羅馬文獻記載，戒指戴在不同的手指上，有不同的祈願意義；例如將戒指戴在大拇指，可助達成心願，邁向成功之路；將戒指戴在指方向的食指，有助個性變得開朗而獨立；將戒指戴在中指，有助營造自由爽朗的氣氛，能讓靈感湧現，變得更有魅力、有異性緣；將戒指戴在無名指，此指與心臟相連，最適合發表神聖的誓言，同時無名指上有重要穴道，戒指戴在無名指，可以適度按壓肌肉，有安定情緒效果；將戒指戴在小指，會有意想不到的事發生。

嵌寶石的戒指又有不同的意義：鑽石象徵永恆，在歐洲和美國，每逢結婚週年紀念日，丈夫一般會贈送戒指給妻子，以示愛情的忠貞；翡翠戒指表示愛情；珍珠戒指表示高貴；紫晶戒指表示健康、機

古羅馬、台灣與國際的文獻記載戴戒指的意義

地區	手指	意義
古羅馬	大拇指	可助你達成心願，邁向成功之路。
	食指	指示方向的手指；個性會變得開朗而獨立，最適合從事自由業的人戴。
	中指	次於無名指最適合戴婚戒的手指；最能營造自由爽朗的氣氛，讓靈感湧現，變得更有魅力、有異性緣。
	無名指	從古羅馬時代以來習慣將婚戒戴在其上，相傳此指與心臟相連，最適合發表神聖的誓言。而無名指上有重要穴道，戒指戴其上可以適度按壓肌肉，有安定情緒之效。
	小指	小指傳達的是一種媚惑性感的訊息；將會有意想不到的事發生，特別推薦給直覺敏銳、從事流行時尚相關工作者。
台灣	左手大拇指	無特別意義。 大拇指代表權勢，也可以表示自信。
	左手食指	未婚。
	左手中指	訂婚。
	左手無名指	結婚（「愛情之脈」是通過左手無名指與心相連）。
	左手小指	不婚族。
	右手大拇指	無特別意義。 大拇指代表權勢，也可以表示自信。
	右手食指	單身貴族。
	右手中指	名花有主。
	右手無名指	熱戀中。
	右手小指	不談戀愛。
國際	左手大拇指	按西方的傳統習說來說，左手表示上帝賜給你的運氣，因此，戒指通常戴在左手上。 一般不戴戒指，如戴即表示正在尋覓對象。
	左手食指	想結婚，表示未婚。
	左手中指	已在戀愛中。
	左手無名指	表示已經訂婚或結婚。
	左手小指	表示獨身或已離婚。
	右手無名指	表示具有修女的心性。

資料來源：虛室生白吉祥止止，2012；求婚大作戰，2014；作者繪製。

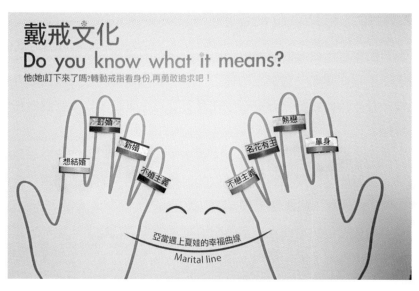

戒指配戴意義

資料來源：拍攝自光淙金工藝術館。

敏和幸運。

　　隨著時代與環境變遷，時下以更簡單的「追、求、訂、婚、離」五個字，說明將戒指分別戴在五隻手指上的涵義與暗示。而現代人已經不太拘泥於這套規矩，只要個人喜歡，戴在哪隻手指，其實都無所謂。

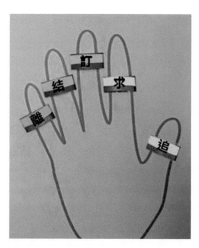

時下戒指配戴意義示意圖

(三)訂婚、結婚戒指的區別

　　一般而言，西方的訂婚戒指與結婚戒指最顯而易見的區別，是訂婚戒指中心會鑲嵌一個突出的寶石，鑽石最常被使用在婚戒。此外，從維多利亞時代開始，石榴石、紅寶石等彩色寶石，經常被鑲嵌在訂婚戒指上。

　　傳統的結婚戒指，習慣以金、白金或純銀製成的兩個造型簡單的戒指；夫妻的結婚戒指會保持類似的風格，而男人的婚戒通常不會鑲嵌寶石，但也有一些會鑲嵌小克拉的鑽石。

　　訂婚戒指是男方向女友求婚時所呈現的愛情信物，表達男方願與女方共度一生的心願。結婚戒指通常是一組男女對戒，是新人在婚禮儀式上為彼此戴上的一枚信物，代表從戴上戒指的那一刻起，將永遠接受、信任對方，承諾新人彼此能夠攜手共度幸福人生。

婚戒示意圖

資料來源：（圖1、2、3、4）樂思攝紀工作室，2016（林宗德攝影師提供）；（圖5）樂思攝紀工作室，2016（劉宜芳攝影師提供）；（圖6、7）森森影像工作室─婚攝森森，2015（王森森攝影師提供）。

結婚戒指是兩人婚禮的證明，是婚禮的必需品；訂婚戒指則是兩人約定婚姻的一種證明；許多人認為有求婚才有結婚，覺得訂婚戒指和結婚戒指一樣不可少。事實上，隨著時代變遷，許多繁瑣習俗逐漸簡化，而新人考量彼此的經濟條件等因素，因此，只要雙方約定與接受即可。

 ## 三、胸花

自古至今，結婚時佩戴胸花，是一種重要的習俗。新人佩戴胸花，除了襯托新人是當天婚禮的焦點，與賓客區隔外，並代表人生的大喜表徵。隨著時代的改變，以及現代審美觀的提升，新人的胸花不僅是新人整體造形的重要配件，同時表達新人的品味。

(一)新郎胸花由來

在古代的歐洲，男孩向心儀的女孩求婚時，習慣在途中摘下最美麗的花朵作為花束，以期獲得女孩的首肯；如果女孩答應，就從花束

新郎佩戴大紅花示意圖

資料來源：（左圖）樂思攝紀工作室，2016（林宗德攝影師提供）；（右圖）森森影像工作室—婚攝森森，2015（王森森攝影師提供）。

中抽出一朵花送給男孩作為回應；這是現代婚禮新娘捧花和新郎胸花的起源。

　　中國舉行婚禮，新郎穿狀元袍，新娘披戴鳳冠霞帔，其中新郎佩戴的大紅花，與西方新郎佩戴胸花有同樣喜氣、幸福與賓客區別的意涵。

(二)新郎胸花介紹

　　相對於新娘多樣的整體造形，新郎的造形與變化簡單許多；除了新郎禮服、襯衫、領巾（領帶、領結）、鞋子的選擇外，新郎胸花能襯托新郎的品味。

　　選擇胸花最好選擇和新娘捧花同樣的花材，並和領帶的顏色搭配成套，顯現整體感，展現新郎的時尚品味與帥氣。新郎胸花是點綴作用，避免選用太大朵的裝飾或過長的花梗，免得看起來過於繁複而失美感。

新郎胸花示意圖1

資料來源：（左上圖）森森影像工作室—婚攝森森，2015（王森森攝影師提供）；（左下圖）樂思攝紀工作室，2016（劉宜芳攝影師提供）；（右上圖、右下圖）樂思攝紀工作室，2016（林宗德攝影師提供）。

應用緞帶搭配花材的異材質結合，可凸顯細格紋西裝造型為焦點，與色系和簡約的領帶或領結相呼應。新郎的胸花，習慣佩戴在西裝的左領，但是現代的新人，許多新郎佩戴在右領也適宜。

新郎胸花示意圖2

資料來源：（左圖）C'EST BON金紗夢婚禮，2013；（右圖）樂思攝紀工作室，2016（林宗德攝影師提供）。

因應新人主題婚禮風格，新娘的捧花與胸花，可以有更多的創意與想像力。在結婚過程，新郎的整體造形，相較於新娘多樣的造型，相對簡單；除了花朵系列外，也有許多新郎選擇特別材質的胸花，不僅個性感十足，並具時尚感，用心搭配，能展現新郎的自我風格與時尚魅力。因此，善用新郎整體配件的細節處理，新郎造型仍有無限變化。

新郎創意胸花示意圖

資料來源：（左圖）樂思攝紀工作室，2016（劉宜芳攝影師提供）；（右圖）樂思攝紀工作室，2016（林宗德攝影師提供）。

四、婚鞋

　　為展現新娘當天優雅或獨特的整體造形；和婚紗禮服一樣，新娘挑選婚鞋，有多樣的選擇。隨著現代人審美觀的多元化與主題婚禮舉辦的多樣化，只要是適合婚禮穿或好搭配適合白紗禮服的高跟鞋，都可以稱它為「婚鞋」。除了美觀的顏色、材質、造型，以及婚鞋的高度之外，婚禮當天穿得「舒適」，才是選擇婚鞋的關鍵因素。

(一)婚鞋挑選方式

◆ 婚鞋顏色

　　結婚是大喜事，古代女生出嫁時，要換上新鞋，由哥哥或舅舅背出門，新娘的腳不能碰地。習俗流傳至今，新娘在結婚吉日不穿舊鞋，需全新的鞋子。

　　選擇婚鞋，基本上避開黑色、咖啡色、灰色等比較陰暗色調。而喜慶的大紅色、高貴的金和銀色、優雅的紫色、氣質的香檳色、可愛的粉色及純潔的白色等，新人可依據婚紗禮服搭配，都是合宜的選擇。白色和粉色婚鞋，幾乎什麼樣顏色的禮服都可以輕鬆搭配，婚禮

白色與米白色婚鞋示意圖（百搭婚鞋）

資料來源：樂思攝紀工作室，2016（林宗德攝影師提供）。

結束後平時也可以穿，相當經濟實惠。在台灣，傳統上長輩都喜愛大金大紅的喜氣，婚紗裙襬下喜氣洋洋的婚鞋相當搶眼，長輩看了也開心。因應主題婚禮的興起，越來越多的新娘選擇非傳統的顏色，只要新人和長輩溝通好，也能讓主題婚禮更添特色，賓客留下深刻印象。

紅色婚鞋示意圖（最喜氣的婚鞋）

資料來源：（左圖、中圖）森森影像工作室—婚攝森森，2015（王森森攝影師提供）；（右圖）樂思攝紀工作室，2016（林宗德攝影師提供）。

金色與銀色婚鞋示意圖

資料來源：森森影像工作室—婚攝森森，2015（王森森攝影師提供）。

色彩鮮豔的婚鞋很容易帶出時尚感，打破傳統印象。

色彩鮮豔婚鞋示意圖（色彩鮮豔具時尚感的婚鞋）

資料來源：（左圖）高跟控，2015；（右圖）男婚女嫁網，2016。

非傳統色系婚鞋示意圖（逐漸受新人歡迎的婚鞋）

資料來源：薇薇新娘雜誌社，2015。

◆ 婚鞋高度

結婚當天，新人需忙碌整天，因此，新娘選擇婚鞋，除了款式美麗外，需根據平時穿鞋的習慣，選擇適當的高度；考量婚鞋合不合腳、會不會疼痛，一定要好走。因此，有些新娘會挑選較平底的婚鞋。為了穿出美麗的比例，大部分新人仍挑選有些高度的婚鞋；一般選擇婚鞋，儘量以3～5公分為佳，這樣的公分數，不但能修飾新人整體造形，使比例更為修長，並且能避免穿太高不小心跌倒的風險。此外，新娘穿上婚鞋，也要搭配新郎的身高，雙方站在一起，高度需協調，畫面維持美觀。

高跟婚鞋示意圖

資料來源：森森影像工作室—婚攝森森，2015（王森森攝影師提供）。

低跟婚鞋示意圖

資料來源：森森影像工作室—婚攝森森，2015（王森森攝影師提供）。

◆ 台灣傳統愛包鞋

　　包鞋是台灣人婚禮的首選，因為包鞋含有「前包後包，有頭有尾」的意涵；象徵新娘穿包鞋，代表婚姻圓滿幸福。新娘穿上包鞋，在傳統觀念印象，表示新娘穩重、不輕浮，包鞋代表不會漏財；另外，「後包」則意味新娘有娘家當靠山。和其他許多婚禮的傳統習俗與禁忌一樣，這種習俗表現對新人婚姻深深的祝福。

包頭婚鞋示意圖

資料來源：（左圖）樂思攝紀工作室，2016（林宗德攝影師提供）；（右圖）森森影像工作室—婚攝森森，2015（王森森攝影師提供）。

◆其他款式的婚鞋

因應新人的主題婚禮風格,許多新人一起穿著情侶帆布鞋進場,展現青春與甜蜜感;或者新娘可以選擇設計特殊的婚鞋。市面推出各種色彩、材質與款式等多樣的時尚高跟鞋,符合好穿好走的條件,都可以嘗試和婚紗禮服搭配;例如擁有一雙保養得宜又細緻腳踝的新娘,而且長輩不忌諱「新娘必須穿包鞋」的觀念,不妨選擇精巧的魚口高跟鞋或具時尚感的高跟涼鞋,可以展現新娘足部迷人的優雅性感氣質。

帆布鞋婚鞋示意圖

資料來源:C'EST BON金紗夢婚禮,2013。

魚口鞋示意圖

資料來源:C'EST BON金紗夢婚禮,2013。

涼鞋婚鞋示意圖

資料來源:C'EST BON金紗夢婚禮,2013。

喜帖風格

　　現代網路資訊發達，現代人以網路傳遞訊息愈來愈普遍。結婚大事除了以網路訊息、Line、WeChat、Messenger等方式告知親友外，許多長輩還是希望能以寄送或親送「喜帖」方式，表達邀請親友的誠意與習俗。

 一、喜帖的由來

　　喜帖在婚禮活動中，是新人傳達喜訊的重要媒介。喜帖形式包含直式與橫式，在台灣多喜愛大紅色，在西方可為白色或其他新人喜歡的顏色。中式內文撰寫的方式，至今依然沿用一套俗成的禮儀用字；訂結婚日期通常會印上兩種日期，一種是農曆日期，一種是西曆日期；有些家庭也會印上祖父母輩的姓名。中國清朝的喜帖稱為「團書」，是結婚時的周公六禮書之一，當男方向女方訂婚成功，就會印

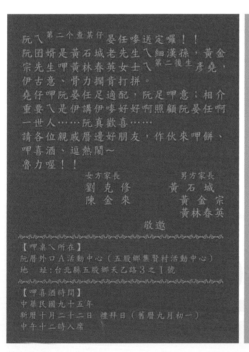

台灣話喜帖

資料來源：喜印坊網路喜帖公司，2016。

製「團書」告知親友。在台灣地區,有些新人嘗試以白話文或台灣話口語體撰寫結婚訊息;展現新人的創意與風格。

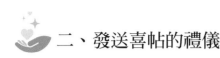
二、發送喜帖的禮儀

發送喜帖的目的,除了告知親友婚禮訊息、分享幸福外,並希望邀請親友當天參加婚禮,新人能事先統計親友參加人數,以便預訂宴席桌數等。因此,為了表示新人宴客的誠意與用心,喜帖用詞等的基本禮儀,關係是否能感動收到喜帖的親友,期待婚禮當天蒞臨會場,給予新人滿滿的祝福,以及分享新人的喜氣。

喜帖的款式與發送方式,依據新人成長背景、文化特色,以及新人的喜好,可選擇中式喜帖、西式喜帖或電子喜帖。現代新人結婚,許多選擇以網路方式寄送電子喜帖,邀請親友;但是,仍有許多長輩,希望以正式的印刷喜帖方式,邀請至親好友參加新人的婚禮。

(一)中式喜帖內容的格式

中式喜帖的內容,早期結婚有許多繁文縟節,喜帖依據發帖對象與收帖對象,有不同的格式;是結婚過程中,重要的禮節。喜帖內容寫法,大致需準備:(1)喜宴的西曆及農曆日期;(2)新人姓名、家中排行;(3)雙方父母姓名(若家中長輩健在,一定要將這些長輩的名字加進去,才不會失禮);(4)飯店地點、飯店名片(通常名片背面會有地址,並提供喜宴及觀禮地點的地圖、停車及乘車資料);(5)宴客時間等訊息。

簡述喜帖的種類與各種喜帖內容基本格式,說明如次:

1.長輩帖:一般較傳統的喜帖,內文正式嚴謹,是以雙方父母名義發送。

2.新人用帖/平輩帖:由新人的名義另外製作喜帖送給同事、同

學或朋友，新人依新人的喜好選擇具創意或特別的喜帖。

3. 女方帖：訂婚時女方發給親友所用，或在歸寧時使用。鞠躬的地方僅有女方的主婚人，是以女方為邀請人。

4. 男方帖：結婚時主要宴請男方客人，由男方印製。鞠躬的地方僅有男方的主婚人，是以男方為邀請人。

5. 男女方合帖：男女方一起請客，將訂婚、結婚的賓客集中在同一天，或是補請客，使用這種喜帖。即表示由雙方主婚人共同邀請，鞠躬的地方會有雙方主婚人的名字。

現在許多新人為了表示尊重對方，無論訂婚或結婚都一律使用雙方版。

6. 十二版帖（丈人帖）；或稱為親翁帖、親家帖：男方家長特別製作用來邀請女方家長的喜帖。在結婚當天迎娶新娘時，新郎要帶去的。

7. 母舅帖：結婚時男女方的舅舅在傳統上地位相當重要，母舅帖是新郎發給雙方舅舅的喜帖。

8. 另擇期用帖／補請帖：若結婚和宴客不在同一天，則可採用補請帖的形式，依照邀請者區分為雙方補請帖、男方補請帖。

喜帖用途綜理表

喜帖名詞	用途
女方帖	適用於女方文定或歸寧的請帖
男方帖	適用於男方結婚的請帖
男女方合帖	適用於男女一起宴客或補請的請帖
十二版帖	男方邀請女方家長與舅父母出席的請帖
長輩帖	一般較傳統的喜帖，內文正式嚴謹，以雙方父母名義發送
新人用帖／平輩帖	由新人的名義另外製作喜帖送給同事、同學或朋友，新人依新人的喜好選擇具創意或特別的喜帖
母舅帖	新郎發給雙方舅舅的喜帖
另擇期用帖／補請帖	若結婚和宴客不在同一天，則可採用補請帖的形式，依照邀請者區分為雙方補請帖、男方補請帖

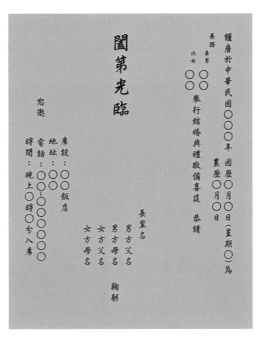

闔第光臨

恕邀

謹詹於中華民國〇〇〇年
國歷〇月〇日(星期〇)為
農歷〇月〇日

長孫 〇〇
長男 〇〇
次女 〇〇

舉行結婚典禮敬備喜筵 恭請

長輩名
男方父名
男方母名
女方父名
女方母名

鞠躬

席設:〇〇飯店
地址:〇〇〇〇
電話:〇〇〇—〇〇〇〇〇〇
時間:晚上〇時〇分入席

長輩帖

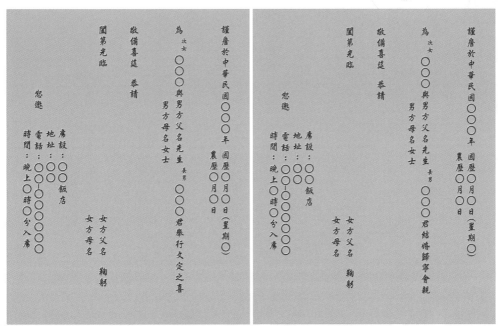

女方帖範例──訂婚、歸寧示意圖

主題婚禮規劃

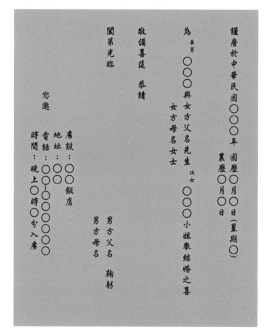

謹詹於中華民國○○○年國曆○月○日（星期○）農曆○月○日

為 長男 ○○○與女方父名先生 次女 ○○○小姐舉結婚之喜 女方母名女士

敬備喜筵 恭請

闔第光臨

恕邀

席設：○○飯店
地址：○○○○○
電話：○○○○—○○○○
時間：晚上○時○分入席

男方父名
男方母名 鞠躬

男方帖範例示意圖

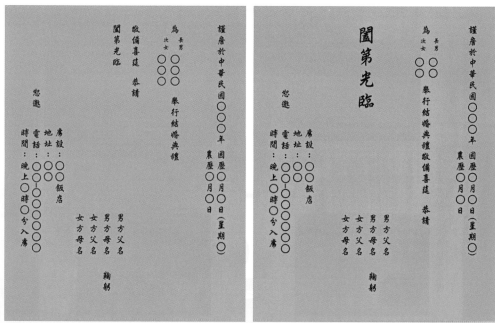

男女方合帖範例

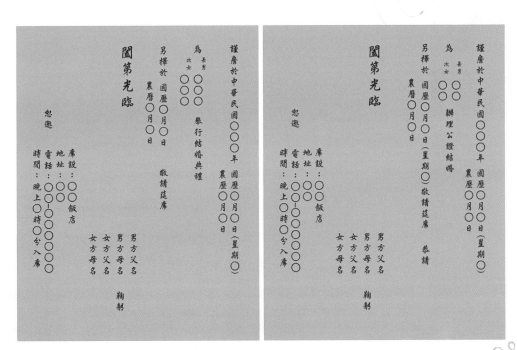

母舅帖

寅屆農曆○月○午　○時　（結婚日期時間）

為愚婿與新娘名（不需填姓式）小姐舉行結婚典禮

敬備薄席　恭請

筵設：填寫設宴地點

新郎名（不需填寫姓式）

範戀

上

大德望（母舅姓）（母舅名）尊母　舅大人閣下

伶（舅媽姓）太孺人妝次

丈人帖

寅屆農曆○月○午　○時　（結婚日期時間）

筵設：（填寫設宴地址）

範戀

承姻

上

大德望（女方姓氏）府女方父親名（不需填姓氏）翁尊姻翁老先生老大人閣下

姻母（女方母親姓式）太孺人（女方母親名）妝次

男方父親姓名

女方母親姓名　鞠躬　肅容粧

謹屆於中華民國○○○年　圓歷○月○日（星）

為　長男／次女　○○　辦理公證結婚

另擇於　圓歷○月○日（星期○）敬請蒞席　恭請

農曆○月○日

闔第光臨

忝邀

席設：○○飯店

地址：○○○

電話：○○—○○○○

時間：晚上○時○分入席

男方父名

男方母名

女方父名

女方母名　鞠躬

謹屆於中華民國○○○年　圓歷○月○日（星期○）

為　長男／次女　○○　舉行結婚典禮　敬請蒞席

另擇於　圓歷○月○日

農曆○月○日

闔第光臨

忝邀

席設：○○飯店

地址：○○○

電話：○○—○○○○

時間：晚上○時○分入席

男方父名

男方母名

女方父名

女方母名　鞠躬

補請帖

(二)中式喜帖信封的寫法

中式喜帖上的稱謂,是一種重要禮儀,寫法有以下幾種:

1. 長輩:給長輩,如以父母名義發帖,寫男主人名○○○先生夫
   人全家福,如以新人名義發帖,寫長輩稱謂○○○伯父全家
   福、○○○叔父全家福等,也可以寫○○○全家福或鈞啟。

2. 師長、長官:給長官,要用正式稱謂,○總經理○○先生鈞
   啟,○總經理○○先生夫人全家福。

3. 女士用詞:○○○女士或○○○小姐惠啟或芳啟。

4. 平輩(同學同事):給晚輩,以新人認識的人名字為主,未婚
   以○○○先生或○○○小姐台啟或大啟,已婚以○○○先生夫
   人台啟或大啟,已婚以○○○全家福。

5. 晚輩用詞:給晚輩,以新人認識的人名字為主,未婚以○○○

發帖對象的稱謂表

發帖對象		稱謂	敬語
長輩	以父母名義發帖	主人全名+先生夫人	全家福
	以新人名義發帖	主人全名+伯(叔)父 (出嫁的阿姨、姑姑,則以姨丈和姑丈為受邀人)	全家福/鈞啟
	師長	全名+教授(頭銜)	道啟/賜啟
	長官	姓+職稱+名+先生或小姐/先生夫人	全家福/鈞啟/賢伉儷
平輩	未婚	全名+先生/小姐	台啟/大啟
	已婚	全名+先生夫人	台啟/大啟
		全名	全家福
晚輩	未婚	全名+先生/小姐	收/啟
	已婚	全名+先生夫人	收/啟
		全名	全家福
女性	未婚/已婚	全名+小姐/女士	芳啟/惠啟

先生或○○○小姐收或啟，已婚以○○○先生夫人收或啟，已
婚以○○○全家福。

（已婚阿姨、姑姑等信封上書寫收件人將親戚男性的姨丈、姑
丈全名寫上）

(三)西洋文化的喜帖

西方的喜帖，多為橫式，顏色以淺白色、淺粉紅色為多，少有
大紅色的喜帖。喜帖用字，多為手寫字體。不少的西式喜帖採用複雜
的花式手寫字體，在印刷方式使用浮雕壓印（Embossing）、凸版印
刷（Letterpress Printing）、熱浮凸印刷（Thermography）、雕空字體
等。

寄送喜帖時，許多新人基於西方結婚禮俗，會附上新人所需禮
品清單，讓親朋好友勾選。親友決定清單的禮品，同時會附上禮品收
據，以便新人可自行更換禮品的尺寸、顏色與款式等。

西式的喜帖裡，多會附一個回郵信封和簡單回函，賓客以郵寄方
式通知新人是否參加婚禮和喜宴。喜帖上會註明請賓客在婚禮兩週前

西式喜帖

資料來源：PinkyPromise勾勾婚禮，2015。

西式單卡喜帖示意圖

資料來源：PinkyPromise勾勾婚禮，2015。

客製化喜帖示意圖

資料來源：可艾婚禮小物喜帖專家，2015。

須寄出回函。回函信封上會先寫好新人地址與貼妥回郵，方便新人統計安排賓客數量和座席。

西方喜帖會貼心地提供遠方賓客住宿、飛機時刻表及在地觀光景點等資訊。新人一旦確定結婚日期，西方的喜帖習慣提早寄出，稱為「Save the date」。甚至在一年前便寄出，預先告知遠道的賓客婚禮日期，邀請親友儘早安排參加婚宴的行程。但這通常不算是正式的喜帖，僅是喜宴的提早通知。

回函卡示意圖

資料來源：可艾婚禮小物喜帖專家，2015。

(四)電子喜帖

由於網路發達，現代時興電子喜帖，可免去貼郵資和寫地址的瑣事。亦有信用卡機制，讓收到喜帖的親朋好友，方便選購禮品給新人。現代新人結婚，通知親友的網路方式，包括：(1)分享到Facebook、WeChat或Line等群組；(2)發送簡訊至親友的手機；(3)電子信箱傳遞；(4)邀請網址等。

使用電子喜帖的好處很多，包括：(1)依據新人的喜好或婚禮主題設計，展現新人的婚禮主題風格；(2)應用軟體或網站工具輔助，新人花一點時間就可以輕鬆完成；(3)將電子喜帖透過網路或E-mail等方式發送，省時、方便且無國界限制；(4)應用超連結，設計「婚宴回函」或「問卷」，方便收到電子喜帖的賓客，直接點擊圖片，填寫回函；(5)推廣「環保愛地球」概念，節省印製喜帖的花費。

結婚喜宴電子喜帖示意圖

資料來源：壹部分中的1部部落格，2011。

歸寧喜宴電子喜帖示意圖

資料來源：壹部分中的1部分部落格，2011。

(五)發送喜帖的秘訣

市面上的喜帖各式各樣，依新人喜好格式而定價。發送喜帖事前需掌握重點，桌數統計才能精確，至少要預備10%數量，避免寫錯或增加邀請對象；也能為雙方家長做足面子，完成一場賓主盡歡的喜慶宴會。新人可上網參考印製喜帖廠商成品的品質，或透過有經驗的親友介紹，或經由婚禮企劃公司包套服務介紹廠商。

喜帖通常在婚宴前兩週到一個月之間寄送或親送，較為合宜。女方在此時隨喜帖分送喜餅給親朋好友；所以，喜帖印製和喜餅預訂便需再提前一個月進行。如果喜帖選擇客製或特殊款式，建議可拉長到兩個月的作業時間，較為充裕。雖然目前一般請帖內文和信封格式不如以往嚴謹，但該注意的基本禮節仍需細緻，例如日期、時間、地點、交通、新人姓名、雙方家長姓名等，須詳細載明內容；謹詹、謹訂、恭請、恕邀、敬邀、席設、鞠躬、闔第光臨等，是一般內文比較常用的敬語；最後再加上一段衷心的邀請文，以便提升親友參與的意願。如果是客製化的喜帖，甚至是酷卡或其他特殊款，可使用比較輕鬆的語調替代；信封上一般印上男女雙方的地址和姓名，多數會採用燙金字體，而收件人姓名後方可以加上「台啟」、「鈞啟」以示尊重。如欲邀請對方全家一同出席，則在姓名後方加上「全家福」、「闔家歡」等字樣。

 ## 三、統計賓客人數

發送喜帖的第一階段，先篩選初步賓客名單。一般邀請賓客的名單包括男女雙方的長輩、親戚、朋友、同學、同事、夥伴、鄰居等；因為新人第一時間可能還不確定哪些親友可以參加喜宴，通常使用電子喜帖或口頭詢問的方式，確認初步邀請名單。發送喜帖的名單，包括曾包過紅包的親友，或主動表示願意出席的友人，以及仍在聯絡的

同學朋友。如果部分同學以前交情不錯，但中間失聯，建議先初步詢問，再寄送喜帖比較不失禮。至於公司同事或生意上的夥伴，同部門交情不錯的同事，可以每人發一張喜帖；其他部門可視公司規模，送餅不發喜帖，請帖僅給主管或公司負責人即可。至於親屬長輩，則由雙方家長通知派帖，避免禮數上的不足；初步名單確認後，可以統計喜帖印製數量，並寄送親友。

為了方便人數統計及桌數估算，不妨製作桌次人數統計表，先將賓客名單依照桌次分配，逐一入檔；再依序填入賓客攜伴人數、小朋友人數、關係、葷素、喜帖、喜餅數量、電話、地址等資料，依親疏遠近審視賓客名單，將比較熟識的親友安排同桌；最後依照輩份和親疏關係，分配距離主桌的座位。雙方家長負責安排的桌次名單，完成後，經家長過目，確認桌次席位是否安排得宜；如果某些賓客已經事先領取喜餅，記得記錄在統計表中，以免重複發放。

初步名單除了以電子喜帖作為詢問工具，新人可應用喜帖回函、FB、Line、WeChat、通訊APP或E-mail等方式邀請；若對方回覆參加，則請對方留下聯絡電話和地址，方便後續聯繫通知；確認之後，便可寄出正式喜帖給賓客。若桌次已確認，可順道附上桌次表給賓客，桌次席位的安排將更為精確。

賓客統計重點綜理表

待辦事項				
賓客名單整理	宴客名單分享	宴客名單與桌次表	座位統計總表	宴客名單整理

資料來源：veryWed非常婚禮—心婚誌，2014。

　　喜帖寄出以後，將喜帖總張數乘上1.5倍就是當天預估出席的賓客人數。一般七張帖子可湊成一桌，以此類推，便可估算宴客桌數。

　　目前新人大多提前半年至一年預定宴客場地，但有些細節在訂席時就必須與訂席人員確認；例如每桌可容納人數、每桌可容納高腳椅數、基本桌數或低消、預備桌桌數、爆桌如何因應、桌數不滿可否打包或擇日使用、素食如何計費等事項；這些都是事先必須與宴客場地確認的問題。而婚宴當天招待最重要的任務，便是避免爆桌，或空位過多的情況發生。桌次席位管控得宜，才能為新人省下不必要的支出。桌次人數統計表需備份給招待人員，門口迎賓處須標示清楚桌次和座位表，分擔招待當天的工作量。

　　宴客當天如果是一般週末，出席可能會達到九成左右；但如果是黃曆上的大好日子，出席率便會降低些。因為賓客可能同時收到許多張的喜帖，便可能產生出席率不如預期的現象。新人可以依據出席率、基本桌數及預備桌，計算最折衷的宴客桌數。為避免出席人數無法如預期，最好的桌數估算方式，便是在婚宴前兩天打電話向賓客確認是否出席，同時提醒親友宴客地點與時間，表達邀請誠意，增加賓客的出席意願（參考veryWed非常婚禮──心婚誌，2014）。

喜帖何時寄出最理想？

　　新人在婚期前三至五個星期前寄出喜帖為宜，讓賓客有充裕的時間安排參加行程，適度表現禮貌。對於居住較遠的親友，新人可親自致電對方，確認是否能出席婚宴。

Chapter

6

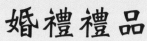

婚禮禮品

一、訂婚喜餅
二、喜糖
三、婚禮小物

結婚乃人生大事，隨著時代變遷與中西文化的融合，現代婚禮有了更多的創意與代表新人故事性的主題婚禮。主題婚禮的發展，搭配喜帖設計、新人禮服、迎親婚車形式、婚禮儀式、會場布置等，婚禮企劃師與新人的用心策劃，呈現主題婚禮的幸福感與風格。因應主題婚禮的多樣化，婚禮禮品的形式與類型，例如喜餅、婚禮小物及謝客禮等需求，擴大婚禮產業市場的規模，以及創新客製化、精緻化的發展型態。

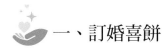

一、訂婚喜餅

為了分享新人的新婚喜悅，向親友宣告婚訊，將喜氣傳遞給親朋好友，除了發喜帖外，女方會以分送喜餅方式，表達喜訊。因此，因應新人創新求變的主題婚禮形式與風格，喜餅店家不斷地引進西方文化特色及傳統喜餅的創新設計，呈現目前市面上各式各樣的喜餅，喜餅業者各自擁有產品品牌風格與特色。

台灣婚禮喜餅風格，主要可分為：(1)復古樸實的中式喜餅（台式、漢式、日式）；(2)浪漫精緻的西式喜餅（法式、歐式）等式樣；例如白木屋、大黑松小倆口、郭元益、拉法頌、御倉屋、皇樓、伊莎貝爾、詩特莉、禮坊、一之鄉、金格、義美、元祖等品牌；新人可依產品品牌風格的喜好，以及參酌長輩的意見，綜合選購幸福喜餅。

(一)訂結婚送喜餅的意義

訂結婚送喜餅的傳統禮俗，是男方請命理師擇定嫁娶（結婚）吉日，於「送日頭」、「送日子」（請期），將「迎親帖」（日課表）連同「香燭、禮炮」與「日頭餅」（議定「日頭」、「日子」之禮餅），託媒人送往女家徵求同意，請其必要時「覆日課」紅包禮一個，擇日之時價，取吉數，此即為「請期」。

喜餅除了被選用於文定納采的行聘之外,在訂結婚的各種儀程中,用以傳達喜訊,表示敬意,藉以點綴喜悅的氣氛。現今採用的喜餅約分為「大聘禮」、「小聘禮」。「大聘禮」主要以龍鳳喜餅為首選;因為「龍」為四靈之首,代表喜氣、高貴、吉祥。古代的「龍」和「鳳」是帝王的象徵;逐漸演變被應用在對男女雙方的祝福。「小聘禮」主要為一般禮餅類,例如「對餅」、「糕包」、「餅包」等,可選擇西餅和漢餅等樣式。

(二)訂婚禮餅(喜餅)代表的意義

喜餅代表傳遞幸福與神聖婚約的意涵。除了傳統婚禮習俗所代表的意義之外,現代中西式等多樣的喜餅風格,融入喜餅口味、造型等創意包裝設計,增添各式禮餅多樣而驚喜的幸福意涵。

◆ 傳統婚禮習俗的喜餅意涵

1. 合婚餅(俗稱「盒仔餅」):通常使用「西餅」或「西式訂婚禮盒」。

2. 禮餅(俗稱「大餅」):例如芝麻餅(俗稱「肉餅」)、棗泥、蓮蓉、核桃、綠豆等漢餅禮盒。

老牌喜餅示意圖

資料來源:郭元益糕餅博物館提供。

3.米香（又稱「老花」）：俗云：「吃米香，嫁好尪」，吃了「米香餅」便能覓得一位好夫婿。「米香」或用「沙琪瑪」代替。

4.日頭餅：例如鳳梨、豆沙等漢餅禮盒，前三種是訂婚（送定）時所需；「合婚餅」是大家熟知的「喜餅」；而「禮餅」、「米香」兩者可擇一訂製。分送喜餅通常是「合婚餅」及「禮餅」各一份。

5.大餅：指漢餅；依照台灣傳統的習俗，嫁女兒吃大餅，大餅的數量越多越體面。

純手工古法製餅示意圖

資料來源：新勝發台灣人文餅鋪，2016。

◆現代喜餅的意涵

現代各式喜餅種類，具備不同的幸福意涵。

1.台式喜餅：較為樸實——傳統樸實、皆大歡喜。
2.日式喜餅：較為精緻——精緻典雅、濃情蜜意。
3.法式喜餅：較為浪漫——浪漫精緻、海誓山盟。
4.漢式喜餅：較為傳統——遵禮法古、體面光采。
5.歐式喜餅：較為大方——輕巧可口、誠意溫馨。

法式婚禮禮盒示意圖

資料來源：chochoco巧克力專賣店，2015。

◆喜餅禮盒包裝色材的意涵

　　喜餅包裝的材質、造型與顏色等,展現貼心的甜蜜幸福設計與意涵。

1.金色：隆重氣派。

2.木盒：古樸大方。

3.粉紅色：蜜意柔情。

4.圓型：圓圓滿滿,好事連連。

5.白色：純潔典雅。

6.方型：實實在在,情深意厚。

7.紅色：喜氣吉祥。

8.心型：心心相印,永結同心。

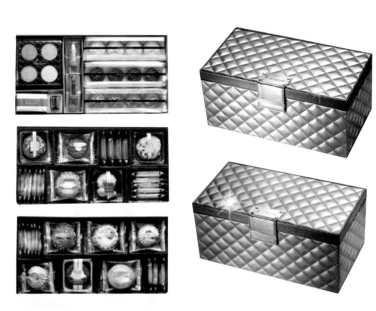

彩妝喜餅示意圖

資料來源：郭元益糕餅博物館提供。

手工精緻婚禮禮盒示意圖

資料來源：艾婚禮部落格，2014。

(三)挑選喜餅的重點

　　市面上的喜餅廠商，各有產品的口感特色與風格，每家品牌的促銷方案琳瑯滿目。新人選擇喜餅前，建議依據喜餅口味、造型等樣式，以及綜合長輩的期待，比較廠商訂購條件，蒐集相關資訊，並參考有經驗朋友的意見。

◆挑選長輩、年輕人都喜歡的喜餅

　　新人選擇喜餅的口味，最好能兼顧長輩和年輕人的喜好；例如長輩通常比較喜歡傳統、喜氣大方又價位合理的喜餅（俗稱大餅），覺得這樣才有結婚辦喜事的感覺。年輕人則偏好實用性、造型新穎及口感創意取勝的喜餅。選購時，最好將中西式的喜餅都能分別納入，若考量預算限制，直接選擇中西合併的喜餅為宜。

中西合併喜餅示意圖
資料來源：郭元益糕餅博物館提供。

◆贈送對象及發送方式

　　喜餅是女方訂結婚時，贈送比較親近的長輩、同事、朋友和鄰居等親友的禮品，以分享新人的幸福喜氣。為了將這份幸福分享親友，新人須用心規劃贈送對象及發送方式，以免遺漏名單而失禮。

①若贈送親友與鄰居的喜餅不同

　　一般鄰居，參加新人婚宴的不多，新人可贈送一般傳統的大餅（豆沙餅／肉餅），分享喜事；針對親朋好友，新人可選擇禮盒式喜餅，同時在送喜帖的時候順便發送，避免產生分配上的問題。

②若贈送親友、同事與鄰居的喜餅相同

　　新人若決定訂婚宴當天現場發送，可安排在以下時間發送：

1. 收禮金時，順便發送喜餅。
2. 收完禮金後，請取餅的親友到新娘房拿取。
3. 親友入座後，由熟悉女方親友的人，負責發送到赴宴的親友座席。
4. 在收禮金的時候，抄下賓客姓名，把喜餅放在新娘送客的後方，請客人到後方按名字取餅。（參考結婚新人看過來｜♥N個你必看的訂結婚重點♥，2013）

　　此外，有些朋友沒辦法出席婚宴，沒辦法當天拿到喜餅，可安排直接到門市取貨。

喜餅挑選十招秘訣綜理表

序號	秘訣	內容
1	預算考量為優先	先列出喜餅的上限預算，再決定要送喜餅親友名單及總數量。
2	長輩、同輩喜餅二種分別	年輕人多喜好新式西式喜餅，長輩則偏愛傳統中式喜餅。所以預訂時，最好考量給同輩的數量及給長輩的數量，再決定中西式喜餅比例。如果女方需要，還需留意加訂小餅或太婆餅。

（續）喜餅挑選十招秘訣綜理表

序號	秘訣	內容
3	折扣參考	一般品牌市場在一定數量上，會提供消費者折扣，數量多者尚有議價空間。
4	贈品面面觀	聘禮的大盛禮盤、喜糖、謝卡等，是贈品的範疇，大部分的廠商會提供部分贈品。
5	送貨服務	大部分品牌喜餅業者，如果達到一定的消費額，提供免費的送貨服務。
6	全省提供服務	選購時，瞭解喜餅業者全省有多少家分店，是否可以提供全省各分店提貨服務，可節省新人郵寄、親自送達等費用及時間。
7	喜餅保存期限	避免訂製保存期限過短的喜餅，免得分送各地親友後，超過保存日期。喜餅廠商一般都有配合喜帖、謝卡印製的廠商，如果能善用這個關係，可以節省一筆費用。
8	漢餅的斤兩數及價格	目前市面上的漢餅多為一斤重，有些因禮俗因素，需製作較重的大餅，因此，在訂漢餅時需詢問清楚。
9	長輩的意見	多考量長輩的意見，不要因選擇喜餅意見不同而有所爭執，同時不要太要面子，過度鋪張浪費，儘量在預算內考量選購適量喜餅。
10	廠商的服務品質及售後服務	訂購喜餅不但考量品質，商家的服務範疇也須問清楚；例如廠商是否可以提供印製紅卡、六禮、聘金盒、木楹租用等服務；送貨地點、時間的配合，也需考量。

資料來源：結婚新人看過來｜❤N個你必看的訂結婚重點❤，2013。

新娘不能吃新人的喜餅

　　女方家長通常告誡準新娘，不准吃新人名份的喜餅。因俗稱準新娘不可吃男方送來的喜餅，否則日後會「大面神」，即不會謙卑，做出自我揄揚之態；或說若準新娘吃了自身的喜餅，意指將自身的「喜」吃掉，「轉吉為凶」之虞。

　　另外還有些說法，新娘若吃新人的喜餅，表示以後妳就是好吃懶做，嫁到婆家會招人怨；把圓圓的喜餅吃畸角，婚姻會不圓滿；女生經期會在結婚當日來而無法洞房，也是不好之意。

　　也有人說，只要不是拿去拜拜的喜餅，就可以吃；不過現在的人，比較實際，也沒那麼多禮俗，端視新人家裡有沒有此類喜餅的禁忌。準新人可於選購喜餅時，多「試吃」幾個品牌，一則可以比較品質、口味的喜好，二則彌補不能吃新人名份喜餅的遺憾。

二、喜糖

　　喜糖是辦喜事時，向前來祝賀的賓客表達感激與分享喜事的一種方式。送喜糖的傳統，東西方都存在；辦喜事能保留這項傳統習俗，幸福而具意義。主題婚禮的喜糖，新人可以發揮更多的創意，將新人的故事與甜蜜幸福等元素，結合婚禮小物設計，透過婚禮舉辦過程，與親友分享，並答謝親友的祝福。

　　喜糖，顧名思義就是辦喜事時所用的糖。因為糖是甜的，象徵新人結婚後的生活也是甜蜜的；因此，請賓客「吃喜糖」，便是告知親友新人成家的喜訊，同時分享新人的甜蜜幸福。

　　從前新人結婚總是購買散裝的糖果，分送鄰居、鄉親及賓客，表達新人的喜訊；有些地方的習俗，甚至在抬新娘過門的沿途上撒喜糖，以喜糖鋪路，這些習俗至今仍有些地方延續。漸漸地，不但結婚送喜糖，更要求一份體面與實惠，過多的浪費撒糖已不太被都市所接受，便出現新人結婚用塑膠袋裝喜糖的習俗。六、七十年代的新人會買回不同品牌的糖果，裝在紅色的塑膠袋，分送親友。一般每包喜糖都裝八顆糖果，兩顆一樣包裝，共四種口味或品牌的喜糖，稱為「什錦喜糖」。

　　喜糖的包裝，早期使用紅色紙，包上八顆糖。後來發展成購買塑膠袋，向工廠借小鉛印機，在袋上印上大大的喜字。後來，原本的八粒裝的喜糖，變成六粒，後來變成兩粒。因應時代的進步，以及西方文化的影響，新人對喜糖品牌的要求與日俱增；新人已經不再滿足於傳統的糖果，可選擇巧克力。此外，紙包裝喜糖取代塑膠袋；原先方正的小盒子，印上喜字，加上蝴蝶結，便是充滿幸福與喜氣的喜糖盒。之後，新人對喜糖盒的要求越來越高，出現有別於傳統意義的紙盒；廠商結合各式創意設計，例如球形的、組合形的、心形的、收納盒形的喜糖盒，讓送禮的新人與收到的賓客印象深刻。

西方新人送喜糖的習俗與東方新人有異；西方一般新人會訂製很多種顏色的喜糖，搭配多種顏色的包裝盒，一排排地放在宴會廳出口的長檯上。賓客在宴會後，便自行到長檯前，選擇喜歡的兩種顏色的喜糖。

(一)東方的喜糖

傳統華人文化將「金榜提名時、洞房花燭夜、久旱逢甘露、他鄉遇故知」，列為人生四大喜事。其中以「洞房花燭夜」為大喜；在這一喜中，應用特別的甜蜜糖與親友同喜。因為糖是甜的，象徵結婚小倆口的甜蜜愛情。

以前新人發送親友的是紅雞蛋，不是喜糖。據說起源於三國時代，東吳都督周瑜想用「假招親，真扣留」的辦法，將劉備當作人質，讓劉備交還荊州，不料這一計策被劉備的軍師諸葛亮識破，諸葛亮決定用「獻紅雞蛋計」反將周瑜一軍。所以，劉備至東吳招親時，諸葛亮乃攜帶烹煮的紅雞蛋；一到東吳，不論宮廷內外，逢人便送，並稱這是皇室成婚的禮儀。於是，家家戶戶，從貴族到平民都知道劉備將和東吳公主成親；周瑜沒辦法抵賴，只得假戲真做，劉備娶了東吳公主又打開名聲，周瑜卻大吃悶虧。從此，江南傳統婚俗，便流傳討紅喜蛋的習俗，久而久之，便演化為發喜糖的婚禮文化。

(二)西方的喜糖

中古時期的西歐宮廷，流行在婚宴中贈送親友精緻的喜糖或小禮，向不遠千里而來的賓客表達感謝之意。義大利的貴族婚宴中，以分送賓客巧克力為主；每位賓客一次收下五顆，分別代表「順利生育、帶來健康、獲得財富、祈禱快樂、但願長壽」意涵。後來這項習俗輾轉地傳到歐洲其他國家，並賦予五顆糖果不同的意義，仍以「吉祥」、「祝福」為主。

如今，世界各地流傳中世紀歐洲四百多年的浪漫傳統典故，新人

結婚時，不只限於發送五種糖果；新人用心選購的各式婚禮小物，包含甜蜜的喜糖，讓幸福喜糖創新更多的故事與驚喜（參考幸福久久久婚禮小物，2013；C'EST BON金紗夢婚禮，2013）。

喜糖示意圖

資料來源：C'EST BON金紗夢婚禮，2013。

(三)喜糖發放時間

早期婚禮的喜糖，於送客時，由新人捧喜盤，賓客自行取喜糖；現今許多新人於宴客時，將精心選購或設計的喜糖，事先放在賓客桌上，或於二次進場時，發送喜糖給賓客。

桌上喜糖示意圖

資料來源：（左圖）森森影像工作室—婚攝森森，2015（王森森攝影師提供）；（右圖）樂思攝紀工作室，2016（劉宜芳攝影師提供）。

(四)喜糖布置

喜糖不僅可用於新人分享喜悅，亦可運用於會場布置，例如喜糖蛋糕塔、喜糖摩天輪等。婚禮宴客開始時，可以擺放在收禮桌，是美觀亮眼又浪漫的婚禮布置。送客時取代傳統捧喜盤送糖果的方式，由招待人員一盒盒地將喜糖盒分送賓客，新人可優雅地與賓客幸福合照。

糖摩天輪、蛋糕塔示意圖
資料來源：green28的部落格，2013

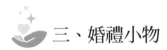 三、婚禮小物

近年來，受到歐美、日本的婚禮小物習俗影響，在婚宴開始的迎賓和送客之際，親友會收到來自新人最誠摯的謝禮。在西方國家，婚宴開始前，新人會在每席座位前擺上精心挑選的小禮，代表感謝親友撥冗出席盛宴；這一點和台灣新人在婚禮尾聲分送喜糖，有著異曲同工之妙。傳統禮俗演變至今，婚禮小物儼然已成為主題婚禮的一環，新人多半會將婚禮主題延續到婚禮小物的設計包裝上，分送的時機點也愈來愈多元，因此拓展了婚禮產業中婚禮小物的市場需求。

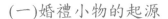
(一)婚禮小物的起源

　　「小物」一詞來自日本，意思是「小東西」。婚禮小物所指的就是新人在婚禮上贈送給賓客的小禮物，也稱為「回客禮」。婚禮小物源自於西方婚禮的「Wedding Favors」，字義為「婚禮好處」。這項傳統在西方流傳已久，送客禮的風潮從歐美影響到日本，之後流傳到台灣。婚禮小物剛開始只是將喜糖應用小包裝盒，營造精緻的感覺，以及傳遞婚禮浪漫的氛圍，表達新人的感謝心意。依據《美麗婚禮》雜誌對婚禮小物起源的解釋，其禮俗可追溯至大約西元16世紀時，法國與義大利宮廷開始盛行，為感謝親友不辭舟車勞頓來參加婚禮，見證兩人的幸福；因此，新人在婚宴中準備包裝精美的小禮物或糖果，作為回贈賓客的祝福與謝意；西方人認為婚禮是一段幸運的時刻，藉由新人送的小禮物能為賓客帶來好運。而真正將婚禮小物加以宣揚的是熱愛歐美文化的日本；講究禮數的日本人將這項西方結婚禮俗引進，發揮精緻的包裝技巧與豐富想像力，創造許多婚禮相關周邊產品。直到大約90年代中期，贈送婚禮小物的風潮慢慢流傳到台灣，來自西方的禮俗順勢結合台灣傳統婚俗「喫茶禮」、「探房禮」等送禮習慣（胡珮莉，2014）。

　　近年來，因應主題婚禮的舉辦，婚禮產業推陳出新，發展各式各樣的小禮品，除了成為新人致送賓客的婚禮小驚喜外，設計精美的婚禮小物，成為主題婚禮新人或企劃師布置婚禮會場重要的素材。除了訂婚時的「喫茶禮」，婚宴開始前的迎賓和送客時段，新人通常在二次進場時，會搭配現場活動，例如抽捧花遊戲、分送花束或糖果，營造與賓客互動熱絡的氣氛；具創意的婚禮小物，成為婚宴活動扮演炒熱氣氛的功臣。

　　此外，新娘將婚禮小物，在親友探房時，贈予前來祝福的親友；並特別精心選購或設計精緻禮送給伴娘及伴郎，以及婚禮小物給花僮或其他辛苦的工作人員或長輩，分享幸福，表達感謝。伴娘禮多以「筷架」取其諧音最受歡迎；互動遊戲的禮物，可配合婚宴現場的活

動，準備實用小禮，贈送給得獎的賓客，例如刮刮樂、主題玩偶、抽祝福小卡片等禮品。

(二)婚禮小物的應用範圍

婚禮產業業者對婚禮小物所下的廣義定義：「只要是宴客時提供餐點以外的所有禮物，都可稱為婚禮小物，例如迎娶車上的手把花束、訂／結婚的六禮、十二禮都含括在內。」另外，現代新人以婚禮小物取代包紅包，例如台灣傳統的探房禮習俗，原本指的是要包紅包給探訪新娘的人，對前來幫忙的招待、伴郎、伴娘或好友，以紅包表達感謝之意；發展至今，已經衍生成以禮物代替紅包，新人用心挑選禮物，表達幸福與感謝之意。

《美麗婚禮雜誌》將婚禮小物歸納六項功能，分別為：(1)回饋賓客；(2)節目贈禮；(3)布置功能；(4)結合主題；(5)周邊設計；(6)環保公益等。其中贈送禮物的對象與發送時機各有差異，例如給長輩的「喫茶禮」，給姊妹淘的「伴娘禮」及「姊妹禮」、「探房禮」、「迎賓禮」、「二次進場禮」、「工作人員禮」及「遊戲禮」等。

(三)婚禮小物規劃與類型

新人舉辦主題婚禮，為了讓婚禮小物在婚禮過程中凸顯主題、感恩、驚喜、謝客等意涵，新人需：(1)先規劃好婚禮流程；(2)依活動目的，判斷對象及數量多寡，規劃婚禮小物；(3)在預算內，選擇婚禮小物等。依據婚禮活動時段與氛圍，善用婚禮小物的亮點，婚禮小物在婚禮中，能展現畫龍點睛的驚喜與效果。說明如次。

1. 探房禮：指好姊妹到新娘房探視，新娘贈送的小禮物。
2. 伴娘禮：指一般新娘贈送紅包給協助婚禮的伴娘。有的新娘會多贈送一件小物，以表達對伴娘的感謝心意。
3. 迎賓禮：指在婚宴會場的禮金桌旁擺設的小物。由於賓客眾多，多數人都以喜糖作為迎賓禮，分享喜氣。

4.進場禮：指新人進場時，新人贈送賓客的禮物，數量約賓客數的1/3至1/2左右即可。

5.送客禮：指賓客離開婚宴會場前的禮物，多數新人以喜糖作為送客禮。

6.活動禮：婚宴過程中，為炒熱現場氣氛安排的互動活動，所送給參與賓客的活動禮。

(四)婚禮小物樣式

依據主題婚禮舉辦，新人可選擇西式婚禮小物、中式婚禮小物，以及因應婚禮場合與贈送對象等的流行婚禮小物。以下列舉市場受新人歡迎的婚禮小物。

◆西式婚禮小物

西式婚禮小物，一般新人選擇以造型設計簡潔的湯匙及餐具為主，例如咖啡匙、西餐刀具、鑰匙扣、桌卡夾等，具生活實用價值，並獲賓客喜愛。

西式婚禮小物示意圖

資料來源：易雷希婚禮動畫，2015。

搭配主題婚禮主色系，選擇可愛造型的蠟燭、皂香花、造型香皂等，營造入口溫馨氛圍，散發著淡淡的香味，是許多新人布置會場選擇的素材。

香皂示意圖

資料來源：易雷希婚禮動畫，2015。

蠟燭示意圖

資料來源：結婚新人看過來│♥N個你必看的訂結婚重點♥，2013。

◆中式婚禮小物

　　富有中式印象的精美緞面香包，可以作為贈送姐妹淘的探房禮。如果新人時間充裕，可以親手製作香包；在香包裡放入乾燥的玫瑰花瓣，以及香氣濃郁的花瓣，配上可愛的蝴蝶結，再用蕾絲裝飾，表達新人滿滿的誠意與幸福。

中式婚禮小物示意圖

資料來源：易雷希婚禮動畫，2015。

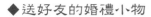

◆送好友的婚禮小物

　　新人可依據朋友的特質，規劃不同的婚禮小物，更能展現新人的貼心與心意，將幸福與喜氣分享給參加婚宴的親友。

1.送未婚姐妹的婚禮小物：「筷子」適合未婚姐妹到新娘房探房時贈送；「筷架」象徵祝福姊妹快嫁出去，象徵「筷嫁」、「幸福筷到」的意涵。「捧花」適合在婚宴上玩抽捧花的遊戲，將新人的祝福送給未婚的姐妹。

抽捧花示意圖

資料來源：（左圖）樂思攝紀工作室，2016（林宗德攝影師提供）；（右圖）樂思攝紀工作室，2016（劉宜芳攝影師提供）。

未婚姐妹的婚禮小物示意圖

資料來源：（上圖）易雷希婚禮動畫，2015；（下圖）結婚新人看過來｜❤N個你必看的訂結婚重點❤，2013。

2.送有男朋友但尚未結婚姐妹的婚禮小物：許多新人喜歡以情侶
鑰匙扣、情侶小熊、情侶小兔等婚禮小物布置會場；同時送給
有男朋友而尚未結婚的姊妹，象徵新人對好友情侶的美好祝
福，祝福好友有情人終成眷屬。

圖6-16　情侶玩偶示意圖

資料來源：（上圖）易雷希婚禮動畫，2015；（下圖左）森森影像工作室—婚攝森
森，2015（王森森攝影師提供）；（下圖中）樂思攝紀工作室，2016（林宗德攝影
師提供）；（下圖右）樂思攝紀工作室，2016（劉宜芳攝影師提供）。

3.送未婚男性朋友的婚禮小物：西方婚禮的「襪帶」表達新人對
未婚男士的祝福，如同給女性未婚朋友的捧花，祝福有個好姻
緣。台灣近年來時興抽「花椰菜捧花」，藉由祝福傳達，希望
獲得祝福的未婚男士，在短時間內找到心儀的另一半。

抽「花椰菜捧花」示意圖

資料來源：樂思攝紀工作室，2016（林宗德攝影師提供）。

◆送一般賓客的別緻婚禮小物

　　新人在婚桌上準備送賓客的小禮物，賓客入座時便能分享新人的幸福感；或於謝客時，由新人送賓客小禮物，表達新人對賓客的謝意。

送一般賓客的別緻婚禮小物綜理表

「手工書籤謝卡」是在書籤上寫上新人和另一半的名字，將祝福送給參加婚宴的賓客。 	「手工禮品包裝盒」具時尚的感覺，收到的好友驚艷。 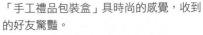 
「糖果」令親友感受到甜蜜的幸福滋味。 	「桌上禮──曼陀珠新人組」每個人桌上都擺上一對曼陀珠新人。 

「造型毛巾」可以兼做會場布置。

資料來源：結婚新人看過來｜♥N個你必看的訂結婚重點♥，2013；易雷希婚禮動畫，2015；樂思攝紀工作室，2016（林宗德攝影師提供）；樂思攝紀工作室，2016（劉宜芳攝影師提供）。

桌上禮

資料來源：樂思攝紀工作室，2016（劉宜芳攝影師提供）。

◆二次進場小禮物

　　配合主題婚禮的主題，在新人二次進場時，穿插與賓客的互動活動，並準備貼心或特別的小禮物，分送賓客分享幸福。

二次進場小禮物綜理表

小蜜蜂造型氣球 像蜂蜜一樣甜蜜的愛情。	花花兔－箸筷架組

Q版郎才女貌喜米禮盒 可愛的Q版新郎新娘圖案做成的精緻手提立體禮盒，讓賓客輕鬆攜回滿滿喜氣。	甜美櫻花香皂

（續）二次進場小禮物綜理表

Just love.Macaron時尚創意馬卡龍 嚴選法國食材x滿滿愛的手作烘焙，創造甜而不膩的創意馬卡龍。	法式手工水果 天然果泥製作，口感滑順果香餘韻，糖粒結晶外衣的香脆口感，果膠軟糖心搭配的天然水果香氣。

彩虹堆蛋糕 風靡歐美的新款蛋糕甜點，最新流行甜點小物Pushcake，手輕輕一推就能嚐到美味蛋糕，色彩鮮豔點綴各種場合更繽紛，每種顏色代表不同口味。	

資料來源：wedding day，2015。

◆ 互動遊戲活動禮

1.舉辦主題婚禮，二次進場之中場時段穿插與賓客的互動遊戲，準備貼心的婚禮小物，增添婚禮的趣味性與熱鬧氣氛；例如準備若干個關於新人愛情故事的小問題，答對獲得象徵新人幸福圖騰的婚禮小物。

2.或客製化喜帖上印製摸彩券，由賓客們寫上祝福的話語，在婚禮抽出10位好朋友的祝福，即可獲得象徵新人幸福圖騰的婚禮小物。

婚禮互動遊戲活動禮，綜理如下表所示。

互動遊戲活動禮綜理表

資料來源：結婚新人看過來│❤N個你必看的訂結婚重點❤，2013；樂思攝紀工作室，2016（林宗德攝影師提供）。

◆現場服務類

　　現場服務，包含現場製作古早味棉花糖、糖葫蘆、爆米花等，通常安排在開席前及送客時段，為賓客現場製作好吃的甜點，增加新人與客人的互動。因為採現場製作，所以時間上須拿捏得宜；最好事前與廠商確認製作時間，並溝通多安排人手，避免新人送客時造成擁塞或推擠的情況。大頭貼機則可以安排於開場前入駐，提供到場的賓客趁著空檔與親友趣味合影；新人可以與賓客拍全家福，配合串場小活動，例如黏貼祝福大頭貼在新人身上，讓現場氣氛High到最高點。

　　新人選擇婚禮小物廠商的關鍵，包括婚禮小物款式的挑選、預算的分配、時間的掌控等；最好選擇有店面或可面交、信用良好的廠商，才能帶給親友一份最別出心裁的送客禮（參考veryWed非常婚禮——心婚誌，2013）。

現場服務綜理表

資料來源：veryWed非常婚禮——心婚誌，2013；結婚新人看過來｜❤N個你必看的訂結婚重點❤，2013。

◆送客禮

　　婚禮結束的最後一幕，便是新人在出口，以喜糖或實用小禮品感謝親友的祝福，並與親友合照留念。新人配合主題婚禮的風格，送客禮可以有許多的選擇與創意。

①糖果玩偶類

　　糖果玩偶類是一般傳統的送客禮類型，包括有糖果、餅乾、巧克力、牛奶糖、太妃糖、棒棒糖、麥芽糖餅乾、布丁乳酪、幸運餅、金莎巧克力、動物玩偶、造型泡泡水等；新人可直接選購網路或市面上所販售的包裝版喜糖，準備軟糖、硬糖、棒棒糖、巧克力多種類別，迎合小朋友和長輩不同的喜好；或挑選自己喜愛的糖果或玩偶，另外購買紗袋、喜糖盒、OPP袋、玻璃瓶、試管等各式包裝袋或容器，搭配玩偶、小吊卡、緞帶、謝卡等，DIY設計符合婚禮主題的喜糖包裝。送客前還可以將喜糖布置成蛋糕塔，妝點婚禮現場，或開席前擺放在每位賓客的座位前，讓親友抵達會場便感受到新人的體貼與用心。

糖果玩偶類送客喜糖綜理表

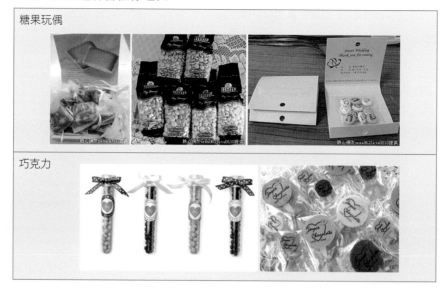

（續）糖果玩偶類送客喜糖綜理表

囍氣洋洋青箭口香糖

送客喜糖

資料來源：veryWed非常婚禮─心婚誌，2013；結婚新人看過來│❤N個你必看的訂結婚重點❤，2013；樂思攝紀工作室，2015（劉宜芳影師提供）；森森影像工作室─婚攝森森，2015（王森森攝影師提供）。

②實用小品類

　　實用類的送客禮分為食品及用品類。食品類可選擇喜米、醬油、蜂蜜、花茶、茶包、果醬、蜂蜜等；用品類包含筷架、書籤、鉛筆、香皂、刀叉餐具、杯墊、開瓶器、磁鐵、香氛蠟燭、環保袋等；實用小品作為送客禮，對於賓客具有實用價值和紀念意義。

　　實用小品的點子是從日常生活用品出發，將婚禮小物與婚禮主題結合，並配合外包裝、吊卡、婚禮Logo、色系及內容物，打造婚禮專屬的質感送客禮。例如若舉辦紅色熱情的中國風主題婚禮，新人可選擇喜米或醬油。若舉辦英國鄉村風的主題婚禮，新人可選擇果醬或蜂蜜作為送客禮。若舉辦藍色海洋風的主題婚禮，新人可準備地中海風情的刀叉或杯墊。

實用小品類送客禮綜理表

資料來源：veryWed非常婚禮—心婚誌，2013；結婚新人看過來│♥N個你必看的訂結婚重點♥，2013。

③客製創意類

　　客製商品多是結合婚紗照或Q版人像，設計系列的影像產品，例如杯墊、磁鐵、鑰匙圈等。其他創意客製的產品選擇，例如客製巧克力、手工金莎花、Q版徽章、創意扭蛋、水晶蘋果、客製磁鐵、杯子蛋糕、鮮花、公仔、特製相框、照片棒棒糖、杯子蛋糕、英文名客製巧克力、麥芽糖、立體茶包、毛巾蛋糕、造型磁鐵、蛋糕塔、紅酒瓶塞、隨身碟、盆栽、喜米、餐具組、茶匙等。美國知名巧克力便推出

提供客人挑選圖樣、文字、色系的客製產品，新人收到袋裝巧克力之後，自行設計包裝成主題小物作為送客回禮；金莎花則是以浪漫紗緞纏繞金色巧克力，或粉或藍或紅的色系，十分討喜，頗受新人青睞。

雖然市場琳琅滿目的婚禮小物可供新人選擇，新人若要獨特的婚禮小物，新人可朝婚禮主題的方向發想，就能找到源源不絕的創意。例如婚宴主題是關於旅遊，就可以搭配飛機造型的鑰匙圈，加上自製的登機證謝卡，便成為主題鮮明的創意小物。若是以小熊布偶為主角的童話主題婚禮，可選購各款造型的小熊吊飾置身透明扭蛋中，營造童話故事婚禮環境氛圍。另有許多新人特意將婚禮小物的籌備期提前，利用充足時間親手完成DIY作品，例如應用軟陶自製馬卡龍、心型手機吊飾，或主題造型的鑰匙圈、手工杯子蛋糕塔等，表達新人的誠意與貼心。

主題式的婚禮小物也可以很吸睛，將鄉村雜貨風、客家花布風、童話婚禮風、白色物語風等主題，融入小物設計，加上新人的手創配件，就是最具個性手作小物（參考veryWed非常婚禮──心婚誌，2013）。

新人的婚禮小物預算不足，可以在有限的預算內調配，將一般傳統的喜糖當作送客禮；另外撥出部分預算訂購客製小物，作為席間活動的抽獎禮或探房禮、伴娘禮、花童禮等；重點分配會使得到特殊禮物的客人倍感驚喜。

客製創意類送客禮綜理表

金莎花

客製品

手做創意客製品

手工餅乾、馬卡龍、杯子蛋糕

喜糖盒

資料來源：結婚新人看過來｜❤N個你必看的訂結婚重點❤，2013；veryWed非常婚禮—心婚誌，2013；樂思攝紀工作室，2015（林宗德攝影師提供）；樂思攝紀工作室，2015（劉宜芳攝影師提供）；森森影像工作室—婚攝森森，2015（王森森攝影師提供）。

Chapter

7

主題婚禮的貼心配備

一、迎娶禮車

二、婚禮誓詞

主題婚禮企劃師，除了須具備專業能力、執行經驗與創意外，在執行主題婚禮過程中，仍須留意一般婚禮的習俗與禁忌。專業而心細的婚禮企劃師為新人籌劃執行的主題婚禮，需符合新人的期待，也須尊重長輩的期許與祝福。

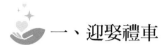 一、迎娶禮車

在婚禮舉辦當天，新娘花車的選擇也是一門重要學問；包括顏色、迎娶禮車數量、車頭車身之裝飾，甚至車號等，依據主題婚禮風格細心準備，增添婚禮幸福感。

(一)新娘花車裝飾

若新人為配合整體婚禮主題風格（如重型機車等），迎娶車隊仍可參考以下之婚車車隊裝飾與選擇原則。

◆ 車頭裝飾

當婚車車隊馳騁在迎親路線途徑，街道行人可感受到「好日子」的滿滿幸福，若迎親車隊能稍用心裝飾車身，展現新人的浪漫情懷與喜氣。

依據婚禮主題特色，車頭裝飾除了配合主色調，也可用新人公仔及動物公仔、花球、大絲帶等布置；但切忌於車頭兩旁綁上大絲帶，免得阻礙司機視線，以及車頭若以一對公仔布置，宜用針線加扣針固定，以免被吹走。

◆ 車門

為凸顯婚車車隊的整體性，配合主色調，並採用和婚禮主題相關的小花球、絲帶蝴蝶結繫於車門扶手上等方式。

◆車尾

在婚車車尾，配合主色調，貼上花球和絲帶裝飾為車尾花。

◆車身

呼應主體婚禮風格，配合主色調，以適中數量的小絲帶花球遍布整個車身，並準備小絲帶和花球備用。

婚車示意圖

資料來源：（左圖）樂思攝紀工作室，2016（劉宜芳攝影師提供）；（右圖）森森影像工作室──婚攝森森，2015（王森森攝影師提供）。

(二)新娘車車款選擇

結婚是一樁喜事，長輩會希望以「幸福、吉祥、如意」等意涵，呈現在新人的婚禮細節。因此，新娘車的顏色、品牌發音或車號，事前可以用心挑選準備。除了選擇傳統汽車為迎娶車外，依據新人故事

等背景的主題婚禮，可選擇更具創意的迎娶方式；而車隊的車款、顏色或造型等，仍需保有「幸福、吉祥、如意」的婚禮精神，用心安排。

◆ 新娘車品牌

若以汽車為新娘車，新娘車的牌子屬於身分和品味的象徵，其中以勞斯萊斯、賓士、BMW等名車，予人體面、豪華、幸福和舒適的感覺。

◆ 新娘車大小

新娘車宜選車身較寬敞的，除了可坐得舒服些，其充裕的空間亦可避免新娘的婚紗不易被弄皺。

◆ 新娘車顏色

1. 不論選擇哪一種型態的迎親車隊，新娘車的顏色表達不同的意涵；紅色車表示喜氣與幸福，金色車與銀色車表示富貴與財富，白色車與奶白色車則表示純潔無瑕的愛情等印象；在台灣，許多新人仍選擇黑色婚車，表示沉穩莊嚴的結婚大事。

2. 新娘車忌用深藍色，容易聯想為送殯的顏色。新人若選擇深色車款為新娘車，可應用喜氣的花球、對偶或花卉等素材裝飾，展現新娘車的幸福感與浪漫感。

◆ 車牌號碼

無論選擇汽車或重型機車等為迎親車隊，留意新娘車選擇幸運數字的組合，例如2、3、6、8；但東方人忌用4及7，西方人則喜歡7，而忌13。

迎親車隊與婚車款式示意圖

資料來源：森森影像工作室—婚攝森森，2015（王森森攝影師提供）。

(三)姊妹花車

姐妹花車的裝飾，不可比新娘車更為搶鏡，以簡單為宜；配合主色調，車身及車門可貼上小絲帶花球，融合新娘車裝飾的整體感。

迎親車隊示意圖

資料來源：森森影像工作室—婚攝森森，2015（王森森攝影師提供）。

 ## 二、婚禮誓詞

新人因應信仰的特色，在婚禮儀式中，以婚禮誓言表達彼此的婚姻承諾，展現婚姻的聖潔與委身。現代社會越來越多的新人，即便沒有特別的宗教信仰，也希望在主題婚禮儀式中，以輕鬆、活潑或幽默的婚禮誓言，呈現新人的背景故事或婚禮主題意涵。

婚禮誓詞

資料來源：（上圖）森森影像工作室—婚攝森森，2015（王森森攝影師提供）；
（下圖）just wedding，2014。

(一)婚禮誓詞由來

婚禮誓詞始於西方，由於西方的宗教傳統，新人在教堂舉行婚禮時，會在神父（牧師）、賓客及神的見證下，互許終身，彰顯婚姻的神聖及永恆性。近來越來越多台灣的新人會在舉行儀式時加入誓詞，透過神聖而莊嚴的字詞在眾人見證下，宣示相守一生。

東方傳統式的婚禮，新人在儀式中是不講話的，新人「一拜天地，二拜高堂，夫妻交拜」之後就送入洞房。在結婚儀式逐漸開始中

西合璧後，浪漫真摯的誓詞開始受到大家歡迎。

有些新人即使不一定有信仰，也會採用傳統天主教風格的婚禮誓詞：「今天我在眾見證人面前宣示我將娶（嫁你），作為我的丈夫（妻子），從此刻直到永遠，無論是順境或是逆境、富裕或貧窮、健康或疾病、快樂或憂愁，我將永遠愛著你、珍惜你，對你忠實，直到永永遠遠。」

也有很多人選擇書寫新人的婚禮誓詞，在誓詞加入新人個人的浪漫故事和獨特的風格，比起制式的誓詞更具獨特的感覺。

(二)特別宗教的誓詞

以下列舉伊斯蘭教、天主教及猶太教婚禮，較常使用的婚禮誓言格式。

◆伊斯蘭教婚禮誓詞

男：「我誠實地發誓，做妳忠實、有益的丈夫。」

女：「我誠實地發誓，終生做你順從、忠實的妻子。」

◆天主教婚禮誓詞

男：「我（聖名姓名），願遵照教會的規定，接受妳，作為我合法的妻子，從今以後，環境無論是好是壞，是富貴是貧賤，是健康是疾病，是成功是失敗，我要支持妳，愛護妳，與妳同甘共苦，攜手共建美好家庭，一直到我離世的那天。我現在向天主宣誓，向妳保證，我要始終對妳忠實！」

女：「我（聖名姓名），願遵照教會的規定，接受你，作為我合法的丈夫，從今以後，環境無論是好是壞，是富貴是貧賤，是健康是疾病，是成功是失敗，我要支持你，愛護你，與你同甘共苦，攜手共建美好家庭，一直到我離世的那天。我現在向天主宣誓，向你保證，我要始終對你忠實！」

◆猶太教婚禮誓詞

「遵照摩西和以色列的法律，你是以這枚戒指的名義獻身於我的。」新娘只要保持沉默， 他們就算結婚了。

◆俄羅斯東正教婚禮誓詞

「我，_____（新郎名），願意娶妳，_____（新娘名）做我的妻子。我發誓愛妳、尊敬妳，忠實於妳，不離不棄，直到我生命的最後一刻。幫助我吧，上帝，以聖父聖子聖靈的名義。」（參考C'EST BON金紗夢婚禮，2013）

Chapter 8

主題婚禮會場布置

　　主題婚禮會場布置，依據新人的喜好、風格與婚禮預算等條件，決定婚禮的場地與規模。新人在各種條件考量下，透過與婚禮企劃公司溝通後，都能完成新人理想中的主題婚禮會場布置。一般簡單的婚禮會場布置，可以分成三個區塊：(1)主布景照相區（迎賓處）；(2)相本區；(3)收禮桌。此外，新人可依據婚禮主題需求，增設其他各項布置，例如豪華的婚禮布置增設「Candy Bar」、「主桌」、「婚宴整體布置」等細節。

一、會場布置規劃流程

　　婚禮布置與婚宴場地，都有檔期限制，為避免好日子場地熱門，建議在婚宴三至六個月前，便前往參考案例作品，與婚企公司討論，確定婚禮風格與設計主軸。一旦婚宴場地確定，在婚禮一個月前，便著手預約，委託規劃設計圖，以便設計師儘快定稿、備料、預備施作等會場布置細節。

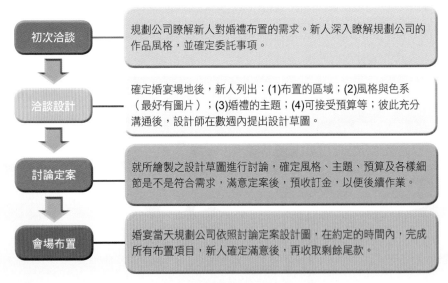

初次洽談	規劃公司瞭解新人對婚禮布置的需求。新人深入瞭解規劃公司的作品風格，並確定委託事項。
洽談設計	確定婚宴場地後，新人列出：(1)布置的區域；(2)風格與色系（最好有圖片）；(3)婚禮的主題；(4)可接受預算等；彼此充分溝通後，設計師在數週內提出設計草圖。
討論定案	就所繪製之設計草圖進行討論，確定風格、主題、預算及各樣細節是不是符合需求，滿意定案後，預收訂金，以便後續作業。
會場布置	婚宴當天規劃公司依照討論定案設計圖，在約定的時間內，完成所有布置項目，新人確定滿意後，再收取剩餘尾款。

會場布置規劃流程圖

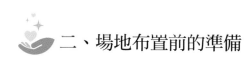

二、場地布置前的準備

舉辦主題婚禮，會場布置的氛圍營造，需要仔細規劃設計；新人提供充足資訊及需求，透過規劃公司的專業與經驗，事前詳細溝通細節，並記錄於合約中，完成符合新人需求的完美婚禮。

(一)洽談時的準備

對於婚禮布置，新人可以從主色系、成長背景、共同嗜好或新人的愛情故事等資料發想主題，討論時儘量以圖片確認喜歡的設計風格，避免單純只用文字描述形容。與設計師討論後的布置主題，延伸到喜帖、婚禮Logo、婚禮主題背板、婚禮紀錄等，整合整場婚禮的專屬風格。

有經驗的設計師，依據新人的預算與需求規劃適合方案；並電話預約洽談時間，當面討論草案，確認新人喜歡的設計元素與需求，規劃公司提出合適的預算建議與設計草圖，新人藉此進一步討論與修正，確保方案比較可行、有效率，又合乎新人需求與紀念性。

(二)規劃婚禮布置的時間

因為婚宴場地、婚禮布置有檔期限制，建議婚宴的飯店、餐廳、外燴等，新人在三至六個月前預約。婚禮布置設計，最好在婚宴前一至三個月前著手規劃，與婚禮主題及流程規劃相互配搭。場地一旦確定好，便立即與規劃公司聯絡。規劃公司會配合場地的大小、色系、燈光、動線等條件，設計最適合的場地布置，建議場地確定再開始規劃。

三、主題婚禮規劃──婚禮Logo規劃

　　婚禮Logo是結婚新人特色的標識，也是整場婚禮的靈魂；換言之，Logo就是主題婚禮的視覺象徵。婚禮Logo圖稿完成，可應用於喜帖、會場布置與婚禮小物等，呈現主題婚禮的整體性。

　　一般Logo的外型多以圓形、方形、招牌型或其他特殊圖像為主，許多以新人姓名或英文縮寫作為主視覺，這些都屬於Logo基本款。以新人中文姓名為例，可應用成語、諺語或諧音的方式，加上婚紗照或生活照，便可以組成獨具意義的圖像Logo。另外，婚禮Logo可應用圖形、文字、符號、色彩、人像、邊框、數字、日期等元素組合而成，且Logo設計可融合新人的喜好，將新人特色及婚禮主題納入設計藍圖，並善用如新人中英文姓名、英文縮寫、婚紗照、生活照、人像、生肖、生日、星座、公仔、Q版、職業、嗜好、興趣、收藏等素材。另一個設計方向則是與主題婚禮相關的題材，例如棒球婚禮，可以棒球為視覺主體的Logo。若是以新人共同興趣的「茶香婚禮」為主題，

婚禮Logo示意圖

資料來源：veryWed非常婚禮─心婚誌，2013。

則考慮以有關「茶」的文化元素為Logo。總之，掌握新人共有特點並創新設計，讓賓客清楚感受新人特色或背後故事的婚禮Logo，便能成為全場最引人注目的視覺焦點。

基本上，Logo設計不宜太複雜，最好能方便記憶，最重要的是展現兩人的共通特點，以及甜蜜愛戀故事，營造新人主題婚禮的深刻印象。

(一)婚禮Logo設計藍圖

婚禮Logo的設計發想，可由小倆口親手設計，為人生大事留下攜手合作的美麗創作。

創意Logo可依據新人喜好，設計出最貼近新人特色的婚禮識別，可嘗試先以手繪方式畫出草圖，或是仿效繪圖軟體工具書裡提供的示範版型，並嘗試比較容易上手的方式，直接取材兩人婚紗照，以繪圖軟體裁切後改為單色系，再加上軟體提供的外框、線條、圖案，最後搭配兩人英文縮寫的字型設計，新人便能擁有獨特的婚禮Logo。籌備期較短的新人或無法自行完成Logo的新人，可將創意點子發包給一般美編設計或婚顧公司，或請親友協助設計印刷；無論使用何種方法，都可以擁有獨家客製的婚禮Logo。

一般Logo尺寸不大，建議採單色設計，避免色系太多過於花俏，儘量在線條、字形、邊框上變化；可以從兩人訂情物、中英文名、寵物、喜愛歌手、嗜好收藏、旅遊點滴、第一次約會地點等，作為Logo設計元素，進一步延伸出主視覺概念，設計藍圖確定後，進行規劃設計印刷的細節，以及相關印刷廠商的詢價工作；以此主題Logo貫穿整場婚禮，與親友們分享這一場浪漫羅曼史。

婚禮Logo設計示意圖

資料來源：veryWed非常婚禮—心婚誌，2013。

(二)Logo創意無限應用

創意Logo的整體應用，需與婚禮主題色系搭配，營造婚禮會場布置的整體風格。

主題婚禮規劃，需將Logo設計置入於喜帖、信封、貼紙、謝卡等；婚禮當天的Logo需搭配婚紗相本、放大照、簽名綢、舞台背板、大圖輸出、迎賓牌、桌卡、座位卡、菜單、婚禮影片、祝福小卡、送客禮等平面印刷品設計。當Logo選擇單色設計時，可配合各種設計規格，調整為最合適的顏色；並放在婚禮影片的開頭，或是利用飯店餐廳的投射燈，將Logo投射於舞台端，以創意Logo貫穿整場主題婚禮布置。

婚禮主題背板，是賓客拍照留念、幸福氣氛營造很重要的區塊，也是賓客進入婚禮會場，營造婚禮幸福感的第一印象。婚禮主題背板

除了應用婚禮Logo外，可放新人照片，也可依主題故事進行各樣設計，或加上立體元素等，設計背板畫面的層次更豐富。

以創意Logo貫穿整場主題婚禮布置示意圖

資料來源：（圖1、2、3、4）樂思攝紀工作室，2016（林宗德攝影師提供）；（圖5、6）樂思攝紀工作室，2016（劉宜芳攝影師提供）。

　　主題婚禮可應用新人肖像公仔作為主視覺，賓客看到公仔便聯想到這場婚禮的主題。婚禮主題若以收音機圖案為婚禮派對的主軸，親友便能理解新人整體婚禮的背後故事，是一場與音樂密切相連的喜宴。新人不妨把婚禮Logo當成兩人獨特語言的代碼及婚宴現場的

甜蜜符號,以一致且充滿個性的創意搭配婚禮會場布置與婚禮小物特色,營造專屬於新人的戀愛故事(參考veryWed非常婚禮——心婚誌,2013;迦拿婚禮,2015)。

婚禮Logo應用(橡皮擦、杯墊)示意圖

資料來源:Dora Li畫話部落格,2014。

 ## 四、主題婚禮規劃——色系規劃

　　主題婚禮的色系選擇,是創造婚禮整體性的重要關鍵;利用挑好的一至三種配色的婚禮概念,創造整場婚禮的整體性,增添婚禮質感。如果顏色選對,配色配得好,整場婚禮將產生令人驚豔的視覺效果。整體婚禮顏色規劃,不需挑多,否則容易眼花撩亂,反而失去重點。最好挑一、兩種顏色,再多加一種白色的元素,讓婚禮的用色更豐富卻不致紊亂。若挑選一種單色系列,則應用漸層色搭配;例如紫色搭配深紫、淺紫搭配白色,或三種紫色搭配。

　　為凸顯主題婚禮視覺效果,可以應用撞色搭配;配合得宜,則產生很好效果;例如粉橘色搭配Tiffany Blue、鵝黃搭配灰色、寶藍色搭配金色等。選定婚禮主色系後,除了應用於婚禮布置外,會場內的桌巾、椅套、婚禮Logo、桌花顏色、伴娘禮服、婚禮小物、喜帖等設計或選擇,都可以巧妙應用主題色系。

色系搭配綜理表

藍綠撞色搭配
草綠色和藍色的撞色,非常適合夏天的風格,予人清涼感覺,能強調桌卡、捧花,甚至伴娘服等的整體性。  
淺色系搭配
淡色系顏色的選擇,比較多元;台灣的長輩對淺色的接受度不同,最好詢問家人的喜好,以免婚禮當天有不同的意見與感受。  
橙色配灰色搭配
橙色搭配灰色,明亮沉穩。  

主題婚禮規劃

（續）色系搭配綜理表

裸膚色系搭配	
裸膚色系氛圍，襯托皮膚白的新娘很適合。 	

粉色系搭配	白色與金色搭配
三種粉色搭配，整體呈現夢幻風格。 	白色搭配金色，呈現華麗風格。 
紅黑白色搭配	**黃色與淺灰色撞色**
紅黑白配色，頗具龐克風，呈現強烈個性與神秘風格。 	黃色搭配灰色的撞色組合，在國內比較少見；以兩種顏色為主調，應用兩色的深淺色搭配，充滿沉穩與活潑相間的趣味變化。 

（續）色系搭配綜理表

淡黃色系搭配	淡綠色系搭配
淡黃色系的搭配，呈現清爽的整體感，並帶一點鄉村風或復古莊園調的氛圍。 	淡綠色、湖水綠、Tiffany藍搭配，呈現放鬆清爽的感覺。 
草綠色系搭配	草綠色與灰色撞色搭配
草綠色系搭配，融合在大自然的清新氛圍。 	草綠色和灰色的撞色搭配，呈現莊嚴而清新的氛圍。 
水藍色和金色搭配	水藍色和白色搭配
水藍色搭配金色元素，多一點貴族的尊貴感。 	藍色是許多新人喜歡的顏色，不論是深藍或淺藍，加一點灰色或加一點綠色變化後的藍色，更顯漂亮。水藍色和白色配合的婚禮概念，看起來就是像初生寶寶般純潔。 

（續）色系搭配綜理表

灰色和淺白色搭配	灰藍和薰衣草紫色搭配
淺灰和淺白色系，溫和而平靜。 	介於灰藍和薰衣草紫之間的色系，呈現神秘浪漫感。 
藍色和白色搭配	藍寶色系搭配
藍色搭配白色，大方典雅。 	寶藍色系，呈現莊嚴感。 
紫色系搭配	藍色和紫色撞色搭配
紫色是很迷人的顏色，帶一點神祕與低調奢華、雍容華貴感。 	藍色和紫色的撞色設計，神秘又具節奏感。 

（續）色系搭配綜理表

紫色系搭配
紫色予人浪漫情懷，舉凡捧花、相本封面、桌花布置及會場布置等，都應用紫色元素；雖然都是紫色，因為三種深淺色搭配，豐富又具協調感。白色搭配紫色系列，呈現浪漫而清爽感。 

資料來源：VIVA LIWA莉娃婚禮控日誌，2012；作者綜理。

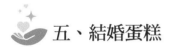

五、結婚蛋糕

　　結婚蛋糕起源於羅馬帝國時代。古希臘人深信小麥象徵生育力和幸福感，賓客將麵包在新娘的頭上撕開，讓麵包碎屑落到新娘身上和地上，再由賓客分享，表示帶來好運和祝福，也象徵幸運與繁衍的意義。後來流傳到歐洲，麵包演變成美味且漂亮的蛋糕。在婚禮中，新人共同握住雙手切下結婚蛋糕，成為各國婚禮的重要習俗，象徵倆人共同生活的開始，以及甜蜜的幸福生活。賓客吃結婚蛋糕分享新人甜蜜，表示對新人的祝福。隨著時代演變，漂亮的婚禮蛋糕成為婚禮會場布置重要的一環，以及不可缺少的幸福象徵；新人切蛋糕則成為婚禮中最動人的場面與賓客的期待及驚喜。

　　結婚蛋糕隨著主題婚禮與新人的風格，有許多類型與口味選擇，綜理如下表所示。

結婚蛋糕款式綜理表

可愛俏皮蛋糕

搭上季節感布置，可愛的小花和暖暖的橘色搭配，很有秋天的氣息；可愛的卡通化線條讓人移不開視線。

簡潔優雅蛋糕

簡單的設計概念，優雅俐落，重點明確；用花飾搭配蛋糕的做法，相當適合氣質新娘。

華麗大器蛋糕

應用精緻裝飾設計概念，以線條、花卉圖騰、色彩及緞帶等方式，展現宮廷貴族的華麗風格。

（續）結婚蛋糕款式綜理表

獨樹一格蛋糕
這兩款蛋糕是黑白配的對比組合。

左邊蛋糕用杯子蛋糕的組合呈現，方便賓客取用品嚐；右邊骷髏蛋糕則是超級前衛，暗示新郎新娘的愛情至死不渝，雖然是比較驚悚的設計，還是蠻唯美的。

資料來源：C'EST BON金紗夢婚禮，2015。

 # 六、會場布置案例介紹

主題婚禮布置及新人整體造形，依據主題婚禮風格，展現色系、主題特色與活動的婚禮環境。說明如次。

(一)紫醉金迷──紫色系的浪漫婚禮

婚禮會場布置及新人整體造形，皆以紫色系搭配白色，呈現婚禮整體環境浪漫氛圍。

1.場地布置：應用紫色紙燈籠布置會場，展現時尚的中國風。

紫色紙燈籠布置示意圖

資料來源：Mrs. Machi部落格，2015。

2.宴客桌布置：桌巾及花卉皆應用紫色系及搭配白色布置。

宴客桌布置示意圖

資料來源：Mrs. Machi部落格，2015。

3.新娘捧花：新娘捧花皆以紫色系花朵呈現。

紫色系捧花示意圖

資料來源：Mrs. Machi部落格，2015。

4.新娘禮服：展現浪漫典雅氣質的紫色系新娘禮服。

紫色系新娘禮服示意圖

資料來源：Mrs. Machi部落格，2015。

5.新娘婚鞋：充滿視覺美感的紫色系新娘婚鞋。

紫色系新娘婚鞋示意圖

資料來源：Mrs. Machi部落格，2015。

6.新郎配件：新郎紫色系的領帶及領結，時尚而帥氣。

紫色系新郎禮服示意圖

資料來源：Mrs. Machi部落格，2015。

7.伴娘禮服：伴娘穿著紫色系禮服，搭配紫色系捧花，展現祥和
　浪漫的氣質。

紫色系伴娘禮服示意圖
資料來源：Mrs. Machi部落格，2015。

8.伴郎服飾：伴郎除了身著紫色襯衫外，連襪子亦是紫色，同樣
　浪漫而祥和。

紫色系伴郎服飾示意圖
資料來源：Mrs. Machi部落格，2015。

9.請帖設計：紫色系的請帖，賓客分享浪漫而幸福的訊息。

紫色請帖示意圖

資料來源：Mrs. Machi部落格，2015。

10.點心區布置：點心區以紫色桌布布置，搭配紫色系的美味賞目點心。

紫色系點心區布置示意圖

資料來源：Mrs. Machi部落格，2015。

11.入門簽到處、禮金桌布置：應用紫色系桌布與花朵等素材，精
心布置入口簽到處與禮金桌等。

紫色系入口簽到處、禮金桌布置示意圖
資料來源：Mrs. Machi部落格，2015。

(二)「麥當勞之戀」主題婚禮特色

背景區作成麥當勞點膳櫃檯，讓賓客一到會場便有驚艷的感覺。

背景區示意圖
資料來源：好事婚禮顧問Our Wedding，2010。

特別設計超級像麥當勞的Wedding套餐，將「M」顛倒成Wedding
的「W」，正好擺放新人的謝卡，非常具有巧思。

謝卡放置示意圖

資料來源：好事婚禮顧問Our Wedding，2010。

特別設計的T-Bar將大家熟悉的「M」改為「W」，帶有
「Wedding」（婚禮）的涵義，設置新人真人比例的人形立牌，彷彿在
現場招呼賓客。

T-Bar示意圖

資料來源：好事婚禮顧問Our Wedding，2010。

特別挑選紅黃雙色的冰火玫瑰，現場撒落的每一片花瓣，呼應整場麥當勞婚禮出現的紅黃標準色。

花瓣示意圖

資料來源：好事婚禮顧問Our Wedding，2010。

　　特別從國外網站訂購的麥當勞叔叔相框，展現麥當勞主題婚禮的風格。

相框示意圖

資料來源：好事婚禮顧問Our Wedding，2010。

特別把相片桌的長桌，設計成如同平常點餐的麥當勞櫃檯，更貼切麥當勞的主題故事與聯想。

櫃檯示意圖
資料來源：好事婚禮顧問Our Wedding，2010。

特別挑選的蛋捲冰淇淋杯，搭配金色及紅色的水晶球，造型如同冰淇淋擺放在婚禮會場，為麥當勞主題婚禮會場布置的巧思。

蛋捲冰淇淋杯示意圖
資料來源：好事婚禮顧問Our Wedding，2010。

Chapter

9

音樂曲風

打造完美成功的主題婚禮，除了美麗的新娘與帥氣的新郎整體造形為當天主要焦點外；婚禮活動內容與會場布置、氣氛營造等整體環節，非常重要。婚禮歌曲能讓賓客融入新人婚禮的情境，隨著音樂曲風與歌詞意境引領賓客享受浪漫、溫馨、活潑、動感的婚禮盛宴。此外，聽覺感官的婚禮音樂，配合從宴會前暖場、進場、謝恩、用餐、送客等時段，應用動人樂曲詮釋浪漫婚宴，為當天的婚禮營造歡樂又溫馨的氣氛。音樂是婚禮的靈魂，為新人挑選適合的音樂，需要有經驗又熟悉樂曲風格的專業音樂人協助，展現當天的精緻美感。

以前新人籌備婚禮時，不會將音樂當作第一優先考量；通常是以宴客場地第一，音樂最後。但是，近幾年婚禮音樂的重要性逐漸提升，反映在婚禮籌備流程的順序，甚至許多新人選擇邀請現場樂團演奏，作為婚禮開場的序幕，展現新人的用心及提升婚禮的質感。這樣的婚禮，總能獲得現場賓客的讚賞，可見婚禮音樂是營造氣氛的婚禮重點。

一、婚宴流程與音樂搭配的重點

婚宴活動舉行順暢，讓新人與賓客留下深刻記憶，過程需掌握三大元素，包括：(1)專業主持人；(2)婚禮流程；(3)婚禮氛圍等。

(一)專業主持人

主持人最重要的兩件事，包括：(1)掌控現場氣氛；(2)記住新人才是當天的主角。主持人必須瞭解所有的流程，語言中抑揚頓挫的節奏搭配現場的音樂規劃，這是串連整場婚禮音樂很重要的部分。一般主持人有講稿就能主持，常欠缺音樂性。優秀的主持人應該與音樂融合，在婚禮橋段的起承轉合，拿捏分寸，在適當的時間、適當的音樂，表達適當的話語，融入在音樂裡，讓每個橋段都充滿節奏與轉折。主持人的現場

掌控與音樂的配合，在聽覺上扮演非常重要的角色。

(二)婚禮流程

　　整場婚禮的流程區隔，從音樂上即能展現不同橋段，從開始到結束的運作，所有的工作人員必須詳細瞭解。此外，現場音響設備確認與音響操作順暢等細節，都需要事前檢視；須提前將婚禮音樂進行現場播放測試，確認曲目播放正常，避免突發狀況。

(三)婚禮氛圍

　　現代的婚禮舉辦，重點不僅在宴請賓客的流程，更強調婚禮氛圍營造，須結合視覺及聽覺效果；視覺效果包括現場的布置、燈光、菜色、婚禮小物、新人禮服及婚禮活動的安排等；聽覺效果屬於音樂設計內容規劃，有畫龍點睛的效果。婚禮音樂能巧妙營造現場氛圍，時而爵士時而古典，再以東西洋流行樂或國台語歌手演唱，搭配富有層次感的曲目，穿插於各個節目，展現主題婚禮的風格與特色，營造婚宴氣氛浪漫、熱鬧、感動等各種不同的氛圍溫度。婚禮企劃師與新人事先挑選喜愛的音樂曲目，配合隨著進場、成長影片、互動活動、才藝表演、送客等各個段落播放。此外，在一般的經典曲目以外，加入不同以往的婚禮曲目，收錄新人喜愛的歌曲，或別具意義的訂情歌，藉由現場音樂，帶出婚禮主題烘托新人獨有的特質；甚至在婚宴尾聲播放新人錄製的情歌影片，或男女主角現場情歌對唱，在時間與空間完美融合的時刻，劃下完美句點。婚禮企劃師或新人，準備完美的婚禮音樂曲目，需特別留意整場音樂的長度是否足夠，避免重複播放，破壞精心安排的婚禮質感。

　　若是婚宴場地空間足夠，可選擇樂團現場演奏，帶給賓客臨場感的震撼與感動，隨著婚禮主題搭配爵士樂團、古典管弦樂團、拉丁樂團、流行歌手樂團等，依照場地風格及預算，選擇合適的樂團人數編制。樂團主唱可擔任主持場控，讓婚禮進行更順暢。無論是主持人、

主題婚禮規劃

司儀或DJ，須事先溝通各個段落播放的婚禮曲目，穿插各種不同的曲風，讓賓客時刻充滿驚喜與感動。

　　若新人選擇舉辦戶外婚禮，則依據場地的條件，在音樂的選擇有所不同；例如近年流行的海灘婚禮，曲風可以選擇較輕鬆的Bossa Nova（巴薩諾瓦是一種融合巴西森巴舞曲和美國酷派爵士的一種「新派爵士樂」，承襲Choro和Samba-cancao的部分特色，而又自成一格，曲風簡潔輕快。巴薩諾瓦結構複雜；樂器的音階或和弦轉換的行進方式變幻莫測，乍聽以為可以掌握旋律的起落和節奏，和弦一轉換後即捕捉不及），結合視覺上的服裝，男樂手穿著花襯衫、短褲、休閒鞋，女歌手則穿著長花裙、戴草帽，呈現輕鬆愉悅的氛圍。

婚宴樂團示意圖

資料來源：森森影像工作室—婚攝森森，2015（王森森攝影師提供）。

二、婚禮音樂掌握重點

　　婚禮音樂是西方婚禮中最重視的一環，近年來台灣受到西方文化的影響，婚禮形式逐趨西式，隨著視覺、聽覺效果的要求，音樂在婚禮上越來越受重視。婚禮音樂選擇得宜，能增加會場整體氣氛，參與

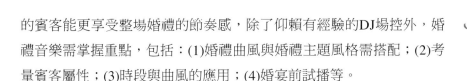
的賓客能更享受整場婚禮的節奏感,除了仰賴有經驗的DJ場控外,婚禮音樂需掌握重點,包括:(1)婚禮曲風與婚禮主題風格需搭配;(2)考量賓客屬性;(3)時段與曲風的應用;(4)婚宴前試播等。

(一)婚禮曲風與婚禮主題風格需搭配

挑選的曲風與婚禮主題風格儘量一致,再依時段搭配不同風格的歌曲,製造多元的婚禮情境。新人可以先提供喜歡的音樂類型,若是沒有特別想法,可先思考呈現的婚宴主題,確定新人的婚禮風格;例如迪士尼風會偏向迪士尼曲風的音樂;或者融合兩人的愛情故事等。婚禮若想營造莊重、嚴肅的氛圍,可以選擇古典樂曲;若要營造活潑、有互動的婚禮氛圍,可以選擇爵士樂等。

現代婚禮分中式及西式,傳統喜慶的音樂,適合偏中式的婚禮。台灣的婚禮音樂通常著重在古典樂曲,營造優雅的用餐環境,但音樂性較受限,時間拉長則聽覺容易疲乏,產生壓迫感。西式的婚禮,任何形式的Party,現場樂團幾乎是不可或缺的必要元素。西式的婚禮以西洋音樂比較適合,例如優美輕柔的歌曲,結合原本浪漫的婚禮更唯美。近年許多年輕人深受國外影響,比較能接受偏向輕鬆活潑的爵士樂,透過每一首樂曲的重新編曲詮釋,配合婚禮主題,能有法語、義大利語、西班牙語等異國歌曲穿插,為婚禮增添獨特的風采。此外,婚禮若邀請樂團現場演奏,風格確定後,開始挑選樂團,並決定歌手曲風,例如若主題是紐約風,建議找R&B或老式爵士風格的歌手,最後選擇喜歡的曲風。

(二)考量賓客屬性

音樂的選擇尚須考慮參加婚宴的主要賓客年齡層,如果以長輩居多,建議選擇較安靜優雅的曲風;年輕人居多則選擇比較現代流行音樂,讓音樂與賓客有所共鳴;而輕快又富節奏感的歌曲,則適合年輕人的創意婚禮。若婚禮屬於異國婚禮,則考量貼心地為雙方的親屬與

賓客穿插播放異國文化的音樂，將為異國聯姻奠定「成為一家人」的基礎。

(三)時段與曲風的應用

音樂是婚禮過程的重要配角，不同時段需要不同曲風的歌曲點綴，如果整場婚禮都是輕柔的歌曲，雖然唯美，卻缺乏節奏與轉折，顯得平淡無味。整場婚禮若能配合新人故事，依據婚禮主題，透過音樂串連，根據不同的流程與橋段，以音樂歌曲安排層次變化。例如歡樂的迎賓、感動的進場、溫馨的送客，隨著流程安排適當的歌曲，讓賓客感受不同的氛圍。搭配得宜的婚禮音樂能夠烘托現場氣氛，呈現宛如愛情電影的浪漫情懷，表達婚禮特有的甜蜜韻味。

(四)婚宴前試播

婚禮企劃師與新人選定音樂，並燒成光碟或決定使用筆電播放後，提前到婚禮的宴客會場進行試播，確認音響設備及曲目可正常播放，避免突發狀況（參考結婚新人看過來│♥N個你必看的訂結婚重點♥，2012；可圈藝術，2015；veryWed非常婚禮，2009）。

 ## 三、婚禮各階段適合曲風

音樂是婚禮過程的重要配角，不同時段需要不同曲風的歌曲點綴，精心安排完善的婚禮音樂清單，能將婚禮的每一個流程劃分得一目瞭然，營造婚禮高潮，讓在場的賓客全情投入，並為真情而感動。一般選擇婚禮音樂，依不同時段選擇適合的音樂，包括：(1)迎賓音樂；(2)第一次進場音樂；(3)用餐音樂；(4)感恩音樂；(5)第二次進場音樂；(6)第三次進場音樂；(7)互動遊戲音樂；(8)送客音樂等。

(一)迎賓音樂

這時賓客陸續到場，可以從開場前三十分鐘至一小時，開始播放輕快、歡樂的音樂，讓提早到的賓客慢慢地感受幸福且愉悅的氣氛；或從開場的純樂團演奏暖場鋪陳，迎接陸續抵達婚宴現場的賓客；或暖場的雞尾酒時段，適合播放抒情的古典小品，營造高雅的環境氣氛，或以輕鬆的爵士樂或Bossa Nova，讓婚宴逐漸展開。

迎賓處示意圖
資料來源：高捷中夫婦提供。

(二)第一次進場音樂

這時應用抒情、浪漫、產生感動共鳴，或特殊涵義的歌曲為優先。例如當來賓就座燈光轉暗，投影螢幕開始播放新人的成長故事影片，此時影片配樂可選擇輕快甜美的曲風，讓賓客重溫新人童年時的可愛模樣及相識相戀的過程；或者在用餐時間加入歌手演唱，以比較典雅、緩慢的曲風，營造舒適的用餐氛圍。

婚禮的第一次進場，新娘的父親牽著女兒的手進場，將女兒的手交給新郎；講求隆重、浪漫、溫馨，襯托新人的幸福感，所以音樂的

挑選上不能選擇節奏太過輕快的歌曲。慢歌能讓新人腳步放慢，第一次進場能讓攝影師捕捉更多精彩畫面，不限中英文歌曲。此外，新人第一次進場的音樂需有張力，才能抓住賓客的眼光，例如選擇華格納的結婚進行曲；若不想流於俗套，並為婚禮開場帶來一絲驚喜，新人可以挑選與眾不同的進場音樂；無論是隆重典雅的婚禮音樂，或是一首感動的電影電視主題曲，都能令賓客留下深刻的印象。在新人交換戒指進行倒香檳儀式時刻，可選擇旋律優美詞意浪漫的歌曲，營造溫馨感人的氣氛。

第一次進場示意圖

資料來源：高捷中夫婦提供。

(三)用餐音樂

　　賓客用餐時刻，背景音樂可選擇輕鬆、輕快、溫暖的純音樂、俏皮的輕爵士、慵懶的Bossa Nova、東西洋流行情歌、鋼琴演奏、古典音樂等類型的輕音樂；婚宴中背景音樂的調性一致，才能帶給賓客柔和舒適的氛圍。

(四)感恩音樂

有些新人,在入場後安排謝親恩的段落,主要是感謝父母的養育之恩;因此可以搭配溫馨、感人的背景音樂。若是感恩獻花可選擇國台語歌曲,在溫馨的樂聲中獻花給爸媽。

(五)第二次進場音樂

婚禮的第二次進場,通常是輕鬆、溫馨、歡樂一點的氣氛,有些新人在進場時發送小禮物給賓客;發送小禮物則搭配活潑輕快的英文曲目,讓賓客感染歡樂的氣氛;如果是抽祝福小卡的贈獎活動,不如播放逗趣可愛的音樂,選擇節奏較為輕快的曲風較能襯托現場氛圍,讓台上台下氣氛high到最高點。

第二次進場示意圖

資料來源:高捷中夫婦提供。

(六)第三次進場音樂

有些活潑大方的新人,選擇在二次進場或是三次進場時,一邊合唱一邊走進會場,通常都頗受賓客喜愛,瞬間增添現場熱鬧又浪漫的氣氛。

第三次進場示意圖

資料來源：森森影像工作室—婚攝森森，2015（王森森攝影師提供）。

(七)互動遊戲音樂

喜歡熱鬧的新人安排特別的表演節目或互動遊戲，例如是新人雙人的表演，亦可邀請好朋友上台表演，穿插幾首特別能炒熱氣氛的唱

互動遊戲示意圖

資料來源：森森影像工作室—婚攝森森，2015（王森森攝影師提供）。

跳歌曲，讓賓客分享歡樂的氣氛。無論是華麗版、氣質版或活潑版，都可依據帶動現場氣氛的小活動，選擇搭配情境的主題音樂，並與背景音樂區隔，凸顯主題音樂旋律。

(八)送客音樂

婚宴接近尾聲，賓客分享新人滿滿的幸福時，可選擇比較具歡樂、輕快、帶節奏的歌曲或音樂；或在婚宴尾聲的送客時段，可選擇別有意境的國語或英文歌曲，讓賓客隨著音樂的愉悅氣氛，緩緩地離開會場，為婚禮留下美好的回憶（參考沐司攝影設計，2015；艾比攝影|女攝影師|婚紗婚攝|故事，2014；veryWed非常婚禮，2009）。

婚禮各階段適合曲風與曲目，綜理如下表所示。

婚禮各階段適合曲風綜理表

序號	階段	曲風	備註
1	迎賓宴會前	歡樂、輕快	
2	新人入場曲	隆重、溫馨、浪漫（一進）、輕鬆、歡樂、動感（二進、三進）	注意進場有分一、二場，大家要注意的一點是兩次的音樂要不同，要達到有震撼的效果。
3	謝恩	溫馨、感人	
4	宴會進行時	抒情、溫暖	輕柔的鋼琴曲或其他純音樂也是用餐時的不錯選擇。
5	結婚影片配樂	甜蜜、有情意	
6	遊戲互動	動感、唱跳歌曲	
7	送客贈禮曲	喜慶、歡樂	

資料來源：結婚新人看過來｜❤N個你必看的訂結婚重點❤，2012；沐司攝影設計。

婚禮各階段曲目綜理表

序號	階段	歌曲
1	迎賓宴會前	中文 • 愛的就是你—王力宏 • 今天妳要嫁給我—蔡依林、陶喆 • Honey—王心凌 • 不得不愛—潘瑋柏、弦子 • 小酒窩—林俊傑 • 大手拉小手—梁靜茹 • 三個願望—梁文音 • 我喜歡—梁靜茹 • 每天愛妳多一些—張學友 • 戀愛ING—五月天 • 滿滿的都是愛—梁靜茹 • 幸運之吻—張韶涵 • 愛你不是兩三天—梁靜茹 • Baby是我—李玖哲 • I wanna be with you—徐婕兒 • 今天—曲婉婷 • 找到天使了—薛凱琪 • ME & U—阿福 • Plain White T's—1 2 3 4 • 暖心—郁可唯 • 人海中遇見你—林育群 • 光著我的腳丫子—戴佩妮 • 為妳我想做更好的人—品冠 • Beautiful Love—蔡健雅 • 有點甜—汪蘇瀧 • 發現愛—林俊傑＆金莎 • 一直幸福—王心凌 • 愛上你—S.H.E • 我就知道那是愛—梁靜茹 • Little Sunshine—郭采潔 • 好運的男人—蕭煌奇 • 曹格—兩隻戀人
		英文 • All I Have To Do Is Dream—曹格 • A Whole New World-Aladdin—Inglês（English） • A Thousand Miles—Britney Spears • A New Day Has Come—CELINE DION

（續）婚禮各階段曲目綜理表

序號	階段	歌曲
1	迎賓宴會前	• All My Life—K-Ci & JoJo（With Lyrics） • Always—Bon Jovi • All About Lovin' You—Bon Jovi • All that I need—Boyzone • All About Us ft. Owl City—He Is We • A Thousand Years—Christina Perri • A Love Theme—Olivia • Ay Cosita Linda—Mariana Seoane • Bubbly—Colbie Caillat • Bizarre Love Triangle—Frente • Because of you—Ne Yo • Better Together—Jack Johnson • Because We Are In Love—The Carpenters • By My Side—David Choi • Brighter Than The Sun—Colbie Caillat • Come on Get Higher—Matt Nathanson • Come what may—Moulin Rouge • Do You Know Where Youre Going To—Janice • Emotion—Destiny's Child • Endless Love—Diana Ross Everything • Falling for you—Lyrics • For The First Time—Kenny Loggins • Good Life—One Republic • Have You Ever Been In Love—Westlife • How deep is your love—Bee Gees • I'M Yours—Jason Mraz • I Do—Colbie Caillat • Its Real—Olivia Ong • I was born to love you—Queen • I Swear (Official Music Video) —All 4 One • I will love you so for always—Atlantic starr • Kiss Me—Sixpence None The Richer • Kiss Me Slowly—Parachute • Love story—Taylor Swift • LOVE—Natalie Cole • Love Is In Your Eyes—Gerard Joling • La vie en rose—Sophie Milman • Lucky—Jason Mraz & Colbie Calliat • Love Love Love—Hope ft. Jason Mraz

（續）婚禮各階段曲目綜理表

序號	階段	歌曲
1	迎賓宴會前	• Lovefool—The Cardigans • Little Romance- Ingrid Michaelson • Little Things—One Direction • My Girl—The Temptations • My Everything—98º • Marry You—Bruno Mars • More Than I Can Say—Leo Sayer • Moon River—Andy Williams • Nothing's Gonna Change My Love For You—方大同 • No Matter What—Boyzone • One heart—Celine Dion • Proud of You—Fiona Fung • Put Your Head on My Shoulder—Paul Anka • Rhythm of love—Lyrics • Something Stupid—Robbie Williams and Nicole Kidman • Stay—Lisa Loeb • Say Hey(I Love You)—Kidz Bop Kids • Stand By Me—Ben E. King • Sweet Child O' Mine—Guns N' Roses • So beautiful—Savage garden • When You Know by Shawn Colvin • We Can—LeAnn Rimes • Way Back Into Love—Lyrics • You're BeautifuL—JAMES BLunt • You got me—Colbie Caillat • You And Me—Lifehouse • You Give Me Something—James Morrison
		日文 • Dear...—西野加奈 • Baby! Baby! Baby!—AKB48 • Let Me Be With You—Chobits
2	新人入場曲	中文 • Marry Me—蕭敬騰（副歌從1分0秒開始） • Forever Love—王力宏（副歌從1分28秒開始） • 結婚進行曲—劉德華（副歌從40秒開始） • 你是我最深愛的人—永邦（副歌從1分20秒開始） • 愛很簡單—陶喆（副歌從1分02秒開始） • 不換—萬芳（副歌從1分20秒開始）

（續）婚禮各階段曲目綜理表

序號	階段	歌曲
2	新人入場曲	• 嫁給我—杜德偉（副歌從1分05秒開始） • 我是幸福的—梁靜茹（副歌從1分40秒開始） • 最重要的決定—范瑋琪（副歌從1分22秒開始） • 我願意—王菲（副歌從1分19秒開始） • 非你莫屬—Tank（副歌從1分25秒開始） • 我們的紀念日—范瑋琪（副歌從1分19秒開始） • 小夫妻—歐得洋&蔡淳佳（副歌從55秒開始） • 今天妳要嫁給我—蔡依林&陶喆（副歌從1分22秒開始） • 幸福—錦繡二重唱（副歌從1分1秒開始） • 一比一—范瑋琪（副歌從1分3秒開始） • 就是愛妳—陶喆（副歌從1分20秒開始） • 約定—周蕙（副歌從1分14秒開始） • 你是我老婆—任賢齊（副歌從2分0秒開始）—new • 愛的主旋律—卓文萱&黃鴻升（副歌從2分0秒開始）—new • 情人知己—梁文音（副歌從1分16秒開始） • 暖心—郁可唯（副歌從56秒開始） • 執子之手—品冠（副歌2分04秒從開始） • 借我一輩子—曹格（副歌1分24秒從開始） • 就是愛你—陶喆（副歌1分19秒從開始） • 陪我到以後—王心凌（副歌1分28秒從開始）
		英文 • A Moment like this • A Thousand Years—Christina Perri • Better together—Jack Johnson • Bizarre Love Triangle—Frente • Beautiful in White—Westlife • Baby, I Love You—Tiffany Alvord • Baby I love you—Che'nelle—new • Cupid—Daniel Powter • EVERYBODY—Ingrid Michaelson（花童進場歌曲） • Fields of Gold lyrics—Eva Cassidy • Everything HQ—Michael Buble • From this moment on—shania twain • Fallin' For You—Colbie Caillat（Lyrics） • Goodbye's—Céline Dion • Hey, Soul Sister—Train • He Is We—All About Us ft. Owl City • It's You—Westlife • In Your Arms—w/Lyrics—Kina Grannis

（續）婚禮各階段曲目綜理表

序號	階段	歌曲
2	新人入場曲	• I Will Always Love You • I Knew I Loved You—Savage Garden • I Do(Cherish You)—98 Degrees • I Do—Colbie Caillat • I Love You—王若琳 • IN Love With You—張學友&黎晶 • Just The Way You Are • Kiss Me—Sixpence None The Richer • Let's Start From Here—王若琳 • Love Paradise—陳慧琳 • Love story—Taylor Swift • Marry Your Daughter—McKnight • Marry You—Bruno Mars • My Love—My Love • Only Love—Trademark • Perfect Two—Now Available on ITunes! • Somewhere Over The Rainbow—Jason Castro • 'She'—Elvis Costello • She—費翔 • Something Stupid—Robbie Williams and Nicole Kidman • The Book of Morris Johnson—Zee Avi • Thank God I Found You—Mariah Carey • Way Back Into Love—Lyrics
		日文 • Everything—宇多田 • First Love—宇多田 • Say Yes—恰克與飛鳥 • can you celebrate—安室奈美 • 守ってあげたい—鬼束ちひろ • Baby, I Love You—青山テルマ • 紅線—新垣結衣
		古典 • Romantic Wedding March by Miranda Wong • Pachelbel—Canon In D Major. Best version. • Bach Under The Stars: Air on the G String BWV 1068

（續）婚禮各階段曲目綜理表

序號	階段	歌曲
3	謝恩	中文 • 家後—江蕙 • 囡仔—江蕙 • 心肝寶貝—鳳飛飛 • 感恩的心—歐陽菲菲 • 小情歌—蘇打綠
		英文 • You raise me up—Westlife • Daddy's Little Girl—Al Martino • Hero—Mariah Carey
4	宴會進行時	中文 • 你最珍貴—張學友 • 愛的就是你—王力宏 • 大城小愛—王力宏 • 今天妳要嫁給我—蔡依林、陶喆 • 私奔到月球—陳綺貞、阿信 • 不得不愛—潘瑋柏、弦子 • 寶貝—張懸 • 小酒窩—林俊傑 • 黑白配—范瑋琪 • 你是我老婆—任賢齊 • I Think—范瑋琪 • 有你就夠了—coco李玟 • 一家—張智成&梁靜茹 • 蜂蜜—范瑋琪 • 做你的天—李玖哲 • 愛的主旋律—卓文萱&黃鴻升 • 梁山伯與茱麗葉—卓文萱&曹格 • 幸運之吻—張韶涵 • 今天—曲婉婷 • 人海中遇見你—林育群 • Baby是我—李玖哲 • I wanna be with you—徐婕兒 • ME & U—阿福 • 換約—梁詠琪 • 把你寵壞—杜德偉 • 今天你最漂亮—羅志祥

（續）婚禮各階段曲目綜理表

序號	階段	歌曲
4	宴會進行時	• 愛喲—陶晶瑩 • 我們的歌—王力宏 • 暖心—郁可唯 • 完整的浪漫—A-Lin • 為妳我想做更好的人—品冠 • Love Song—方大同 • 每天每天—方大同 • Beautiful Love—蔡健雅
		英文 • All I Have To Do Is Dream—曹格 • A Whole New World-Aladdin—Inglês（English） • A Thousand Miles—Britney Spears • A New Day Has Come—Celine Dion • Always Be My Baby—Mariah Carey • A Love Theme—Olivia • Because We Are In Love—The Carpenters • Bizarre Love Triangle-Frente • Before I fall in Love- Coco Lee • Beauty and the Beast—Celine Dion • Beautiful in White—Westlife • Butterflies—Michael Jackson • By My Side—David Choi • Back At One—Brian Mcknight • Because I Love You • Come what may—Moulin Rouge • Close too you—曹格 • Can't Help Falling In Love—貓王 • CRAZY FOR YOU—MADONNA • can't take my eyes off you—Lyrics • Dream—Priscilla Ahn • Delicate—Damien Rice • Dream a little dream of me—Mama Cass • Do You Know Where Youre Going To—Janice • Endless Love—Diana Ross Everything • Emotion—Destiny's Child • Every Time I Close My Eyes—Babyface • Feels Like Home by Chantal Kreviazuk (Lyrics) • Forever—Mariah Carey

（續）婚禮各階段曲目綜理表

序號	階段	歌曲
4	宴會進行時	• For Your Eyes Only—Sheena Easton • For The First Time—Kenny Loggins • Flightless Bird American Mouth—Iron and Wine • Frenesi—Frenesi • Have I Told You Lately—Rod stewart • Have You Ever Been In Love—Westlife • How deep is your love—Bee Gees • I Believe My Heart—lyrics • I Turn To You—Christina Aguilera • I Finally Found Someone—Bryan Adams & Barbra Streisand • I swear • I will love you so for always—Atlantic Starr • I'M Yours—Jason Mraz • I'm With You—Avril Lavigne • I Love You—王若琳 • I Believe—藤田惠美 • Just The Way You Are • Kissing a Fool—George Michael • LOVE—Joss Stone • Love Is All Around—Wet Wet Wet • Love Love Love—Hope ft. Jason Mraz • Loving You—Leona Lewis • Let's Start From Here—王若琳 • La vie en rose—Sophie Milman • Love Is In Your Eyes—Gerard Joling • Marry Me—Train • Moon River—Andy Williams • Nothing's Gonna Change My Love For You—方大同 • No Matter What— Boyzone • Once In A Blue Moon—Sydney Forest • Open Arms—Mariah Carey • Open All Night—Bon Jovi • Only Time—Enya • Perfect Moment—Martine McCutcheon • Put Your Head on My Shoulder—Paul Anka • Rhythm of love—lyrics • spring I Love You Best—Big Baby Driver [with Lyrics] • She will be loved—Maroon5 • Stand By Me—Ben E. King

（續）婚禮各階段曲目綜理表

序號	階段	歌曲
4	宴會進行時	• So beautiful—Savage garden • So Close Jon Mclaughlin • So Nice—Olivia • There you'll be—Faith Hill • Truly Madly Deeply—Savage Garden • Thank You For Loving Me—Bon Jovi • Thank God I Found You—Mariah Carey • Take that how deep is your love—Lyrics • The Gift—Jim Brickman feat: Collin Raye & Susan Ashton lyrics • The One That Got Away—Katy Perry (Cover by Tiffany Alvord & Chester See) • The Girl is Mine—Michael Jackson ft. Paul McCartney • The nearness of you—Norah Jones • Unforgettable —Nat King Cole • Wonderful Tonight—方大同 • When You Kiss Me—Shania Twain • Way Back Into Love—lyrics • When I Fall In Love—Céline Dion • You're BeautifuL—JAMES Blunt • You Needed Me—Boyzone • You and I—George Michael • You Are So Beautifu—Al Green • You're the light of my life
		日文 • It's Just Love—Misia • Baby, I Love You—青山テルマ • 紅線—新垣結衣
5	結婚影片配樂	中文 • 人海中遇見你—林育群 • 一家一—梁靜茹&張智成 • 情非得已—庾澄慶 • 幸運之吻—張韶涵 • 私奔到月球—五月天&陳綺貞 • 梁山伯與茱麗葉—曹格&卓文萱 • 非你莫屬—Tank • 愛的主旋律—卓文萱&小鬼 • 幸福的開始—徐一鳴&王奕心

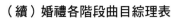
（續）婚禮各階段曲目綜理表

序號	階段	歌曲
5	結婚影片配樂	英文 • Love Paradise—Kelly Chen陳慧琳 • Love Story—Taylor Swift • How Deep Is Your Love—Bee Gees • I Believe My Heart—Duncan James & Keedie • Forever Love—王力宏 • I Knew I Loved You—Savage Garden • Truly Madly Deeply—Savage Garden • Because You Loved Me—Celine Dion 日文 • 守ってあげたい—伊藤由奈 • Can You Celebrate—安室奈美惠
6	遊戲互動	• Maroon 5—Sugar • Plain White T's—1, 2, 3, 4 • Bruno Mars—Count On Me （與迎賓、送客音樂可通用）
7	新人合唱歌曲	• 今天你要嫁給我—陶喆、蔡依林 • 私奔到月球—陳綺貞、阿信 • 哈你歌—庾澄慶、小S • 戀愛達人—羅志祥、小S • 敗給你—羅志祥、蕭亞軒 • 王見王—羅志祥、楊丞琳 • 小酒窩—林俊傑、阿Sa • 一家—梁靜茹、張智成 • 梁山伯與茱麗葉—卓文萱、曹格 • 心願便利貼—吳忠明、元若藍 • 你是我心內的一首歌—王力宏、Selina
8	新人表演歌曲	• Honey—郭書瑤 • 愛的抱抱—郭書瑤 • Honey—王心凌 • 心電心—王心凌 • 姐姐—謝金燕 • 一級棒—謝金燕 • Nobody－Wonder Girls • Gangnam Style－PSY • Crazy in love－Beyonce & JayZ • Call me maybe－Carly Rae Jepsen

（續）婚禮各階段曲目綜理表

序號	階段	歌曲
8	新人表演歌曲	• 吻我吧—蕭敬騰 • 小蘋果—T-ara韓文+中文版 • 小蘋果—筷子兄弟 中文版 • 陽明山—周杰倫 • 綠花—梁靜茹
9	送客贈禮曲	中文 • 黑白配—范瑋琪 • 大城小愛—王力宏 • 我願意—王菲 • 有你就夠了—李玟 • 跟著我一輩子—杜德偉 • 小夫妻—歐得洋／蔡淳佳 • 不得不愛—潘瑋柏、弦子 • 大手拉小手—梁靜茹 • 愛你不是兩三天—梁靜茹 • 你是我老婆—任賢齊 • 這邊那邊—伍思凱 • 只有為你—庾澄慶 • Baby是我—李玖哲 • 每天愛你多一些—張學友
		英文 • My Husband—小S • Hand In My Pocket—Alanis Morissette • I Wanna Be With You—徐婕兒 • Every Time A Good Time—張學友 • No No Cry More—TRF

資料來源：結婚新人看過來｜❤N個你必看的訂結婚重點❤，2012；我要結婚了 WeddingDay，2013；沐司攝影設計部落格，2015。

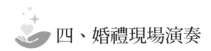

四、婚禮現場演奏

　　隨著主題婚禮風格的多樣化與精緻化，現代新人不一定選擇傳統式婚禮，對於婚宴的要求不斷提高，愈來愈多的新人嚮往有如在電影中出現的畫面，能在溫馨的庭院或華麗的飯店裡，舉行一場甜蜜婚禮。婚禮的幸福氣氛搭配合適的音樂，將使整體氛圍更為活絡。

　　現代的婚禮，許多新人選擇現場演奏，營造婚禮甜蜜浪漫的氣氛。一般的婚禮音樂現場演奏，是指管弦樂演奏從2人至5人，或5人以上的樂團演奏，如此才能營造婚禮浪漫溫馨的氛圍。無論新人在飯店、教堂、庭園等場地舉行婚禮，婚禮音樂都是不可或缺的元素。一般而言，婚禮音樂選擇，大致以優雅抒情古典小品，輕鬆愉快的圓舞曲風格，或俏皮的輕爵士風格的音樂類型。現場婚禮演奏價格，多視樂團人數及時間計價，例如二重奏或三重奏（長笛、小提琴、中提琴、大提琴、薩克斯風、鋼琴等，均可由新人自行搭配），以三小時計價，約為新台幣二萬元至三萬元。音樂成為婚禮中不可缺少的浪漫元素，無論是溫馨的庭園婚禮，或是華麗的飯店宴客，在規劃婚禮流程時，用心選擇適合的婚禮音樂，營造主題婚禮不同凡響的幸福與浪漫氣氛。

婚禮現場演奏

資料來源：森森影像工作室—婚攝森森，2015（王森森攝影師提供）。

Chapter

10

遊戲互動

　　依照新人的故事背景所規劃的主題婚禮內容，其中婚宴上的主題遊戲提供新人與賓客的互動機會，豐富婚禮過程。精心設計的婚禮互動遊戲，不僅能提供新娘充分換裝時間，增加賓客的參與感，並能吸引賓客、留住賓客，讓婚宴現場氣氛保持歡愉及熱鬧，賓客留下美好幸福的深刻印象。

　　婚宴中，一般玩遊戲的最佳時機是在新人第二次進場之後，搭配遊戲音樂，與上半場感動溫馨的婚禮氛圍稍微區隔。舉辦婚禮遊戲須掌握四大原則：(1)遊戲規則簡單；(2)遊戲時間短；(3)與婚禮主題相關；(4)準備小禮物等，以便帶動全場熱鬧氣氛。時下選擇的婚禮互動遊戲，綜理如下表所示。

互動遊戲綜理表

序號	遊戲名稱	內容
1	捧花候選人投票	1.新娘把捧花的候選名單（兄弟姊妹不限）貼在大卡板上。 2.每個候選者相片下方都放上裝票的紙盒。 3.由在場賓客用一張小紙條寫上新人的名字，並將紙條投給新人認為最有可能會抽到捧花的人選。 4.各個紙盒都保留到抽完捧花後，由新人點名，並為投中的賓客送上已準備好的幸福小禮物。
2	抽捧花＋拋捧花	抽捧花是每場婚禮不可少的活動，簡單又有趣，越多人越好玩。準備緞帶數條，一條綁在捧花上，其餘的可以不綁；新娘拿捧花的時候，注意遮掩緞帶，可以再加碼綁上紅包，就不用擔心會有面子問題，參加的賓客都能開心。
3	新郎蒙眼摸小手／親吻新郎	這個遊戲如果主持人很會帶氣氛的話，全場都會笑到快瘋掉。先用布條或眼罩把新郎眼睛遮起來，再請6位朋友一同上台（男女不限）連同新娘一起伸出小手；新郎原地轉三圈後，再逐一摸下小手；猜出哪位是新娘，猜中，便由新娘送出熱辣辣的香吻；沒中的話就等著被懲罰。也可將摸小手改為親吻新郎。 準備道具：眼罩。 花費時間：10分鐘。 成功關鍵：為了混淆視聽，讓新郎的男性朋友能依次參與。

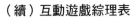
（續）互動遊戲綜理表

序號	遊戲名稱	內容
4	我愛音樂	婚禮少不了音樂，用音樂作為一些互動遊戲的橋段。 ＊普通版：聽音樂猜歌名 1.準備比較傳統又符合婚禮場景的歌曲，例如〈最浪漫的事〉、〈月亮代表我的心〉、〈心肝寶貝〉等較傳統的懷念老歌，再穿插些如〈今天妳要嫁給我〉等近代流行歌曲。 2.僅播放開頭伴奏音樂或一首歌的幾句旋律，讓賓客猜歌名或歌手名字（愛唱歌的新人也可以新人唱賓客猜）。猜中歌名者再請上台引吭高歌一曲，最後由新人頒發獎品。 ＊升級版：聽音樂做動作 1.先準備裝有各類搞怪道具的盤子，端上盤子用紅布蓋著。 2.請4位賓客（最好是平常比較玩得開又有趣的朋友）上台。 3.主持人喊開始的時候，台上的賓客每人上前搶一樣道具，根據不同道具，聽音樂表演節目，表演最到位者則可獲得新人準備的豐厚獎品。 PS.一定要安排一位賓客搶不到道具，那才好玩。 舉例道具功能如下： 1.一把油漆刷，對應音樂是〈喜刷刷〉。 2.兩根綁在一起的香腸，對應音樂是〈雙截棍〉。 3.一把拔眉毛的鉗子，對應音樂是〈眉飛色舞〉。 4.沒搶到的那位賓客，對應音樂是杜德偉的〈脫掉〉。
5	站錯隊	男女老少通通皆宜的遊戲，讓全場的賓客都有機會過過癮。 1.事先召集一大堆賓客上台，看舞台大小容納20～50名不限。 2.由主持人問幾個關於新人的問題，比如新人體重總和等。 3.每個問題都有兩個選項，賓客可選擇站到A或B選項的隊伍，站錯隊伍的遭淘汰，留到最後的拿獎品。
6	歡樂小點名	點名遊戲是婚禮必玩的遊戲，越多人越好玩，看看到底誰表現得最好。 1.先放一小段音樂，用一顆大氣球，沿桌傳遞，隨機暫停歌曲，此時球在哪桌，該桌的賓客就要派一位代表接受懲罰（球要大顆一點，才比較好推，也不致於冷場）。 2.主持人可先示範懲罰動作（搖擺臀），接著被派當作代表的就要很賣力地搖擺臀部。 準備道具：氣球、中獎紙條、背景音樂等。 花費時間：10～15分鐘。 成功關鍵：選擇任何年齡層的賓客都熟悉的音樂，讓所有賓客都能參與遊戲。

（續）互動遊戲綜理表

序號	遊戲名稱	內容
7	愛我99	這個活動可以與在場的賓客互動，類似許多朋友的迎娶闖關遊戲。 要求新郎向賓客湊足99塊零錢，其中至少須包含50、20、10、5、1的硬幣各一，代表「愛新娘久久」，規定一桌只能拿一個硬幣，這樣可以和其他桌賓客也有互動。
8	全場對戰——石頭剪刀布	這個小遊戲可以令全場氣氛熱鬧起來。 1.在每張桌子上準備一個小紅包（也可以在活動進行中由姊妹們派發）。 2.每桌派出一人（桌主），站在紅毯兩旁玩剪刀石頭布，輸家那桌的紅包要給贏家。 3.左右的賓客PK完之後勝出的賓客可以與前後的賓客PK，最後所有賓客PK後就和新娘新郎PK，誰贏紅包就全數歸誰。
9	姻緣匹配——爆笑聯誼	聯誼遊戲是越多人越好玩，而且點子越多越搞笑。 1.事先提供婚禮主持人到現場的男生姓名，不要讓他們知道，要秘密取得，主持人要提醒他們帶手機。 2.準備好匹配的女生的姓名和電話號碼，也要偷偷地取得（必須是到現場的女生），放到抽獎箱裡面，讓參與的男生抽，還要對他們說：「你中大獎囉！」（要確認男生女生是好脾氣的人，不然會很容易搞得大家難堪）。 3.誰先打電話找到新人抽到的女生，並帶到台上，誰就是大贏家（一定要準備獎品，要選擇適合情侶的禮物）。 4.（重頭戲來了，真正的搞笑才開始）把準備好的禮物交給男生，單膝跪下送給女方，並留影拍照。 5.最後要求每對佳偶按照指定的POSE走秀，遊戲才算結束。
10	祝福不斷——新人在哪裡	寫祝福便利貼，在婚宴上寫，並貼在新人身上的，聽起來就很有趣。 歡樂版：祝福卡 1.準備充足且黏性好的便利貼（新人準備有特色、有創意的小卡片），擺放在簽名桌上（這樣每個人都有機會參加）。 2.讓賓客在便利貼（卡片）上寫上對新人的祝福語。 3.在進場前（或擬定適合的時間），讓賓客找到新人，並且把便利貼（卡片）貼在新人身上。 4.最後在新人身上抽幸運兒，由獲獎者大聲說出對新人的祝福。
11	創意版——麻將牌	1.把數字卡改為麻將牌，發給在場的賓客。 2.再做出2組「單吊」某一張牌的PPT，秀在螢幕上。 3.與台下互動猜聽哪張牌，剛好拿到的賓客可得婚禮小物。

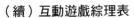
（續）互動遊戲綜理表

序號	遊戲名稱	內容
12	刮刮卡	通常是二次進場後發給每位賓客，刮刮卡製作前，先想好遊戲玩法，再請廠商製作。 1.連線刮刮樂：得獎者要刮中一條龍。 2.鑽石刮刮樂：得獎者要刮中指定鑽石顏色。 3.刮刮卡＋祝福語：幸運得獎者可得到婚禮小物，沒刮中的貴賓也沒關係，把祝福語寫在背面並附上姓名，離場時，請貴賓放入準備的幸福箱內（婚禮用的刮刮卡在一些婚禮小物商店都可以買到，不用訂製也很有趣）。
13	分享幸福	準備小卡片和筆，請賓客在簽到時，順便寫些祝福的話送給新人，新人抽幾張卡片，並唸出祝福的話。 成功關鍵：盡可能選擇冗長艱難，又能讓傳話者產生錯覺的句子。 準備道具：即時貼、小木板、祝賀文。 花費時間：15分鐘。
14	猜新娘婚紗	在新娘中場換裝時，主持人可先徵求每桌一人代表，或5至6人上台，猜猜新娘晚禮服將是什麼顏色或款式？幸運得獎者，新娘親自送精緻婚禮小物。
15	猜猜我是誰	在與親朋好友的合影照片中，認出過去的新郎新娘。 新人找出認不出本人的奇怪表情照片，並向賓客提問：其中哪一位是新郎？哪一位是新娘？ 依據難易度，準備幾張不同的團體照，猜中者獲得婚禮小物。 準備道具：過去的照片、照片光碟。 花費時間：10～15分鐘。 成功關鍵：挑選照片，其中有些人正好出席這場婚禮，能讓現場氣氛更熱鬧。
16	最佳服裝獎	將照片投影在螢幕上，並請每桌代表投票，請工作人員蒐集每桌投票籤條，得獎者獲得大禮，沒得獎者獲得小禮物。 在婚宴，賓客都盛裝出席。替穿著服裝特別的幾位賓客拍照並告知遊戲規則，讓大家對喜愛的風格投票，並在後半段向所有人揭曉最佳服裝獎，將禮物送給最特別的賓客。 準備道具：拍立得照相機、投票箱、投票用紙、禮物等。 花費時間：15分鐘。 成功關鍵：如果事先分類幾個不同風格的獎項，可以介紹更多不同的賓客。

（續）互動遊戲綜理表

序號	遊戲名稱	內容
17	回憶大爆料	新郎新娘的意外小八卦，由新郎的朋友向新娘提問，同樣由新娘的朋友向新郎提問。 例如：和新娘第一次接吻是什麼時候?喜歡新郎哪個優點?在哪兒相識等問題，挑選許多有趣又具懷舊意義的問題。 準備道具：事先詢問賓客提問的內容。 花費時間：15分鐘。 成功關鍵：連新人幾乎要忘記的小事也不放過，會讓新人的反應非常有趣。
18	童言童語祝福給妳	賓客簽到時有小貴賓，和爸爸或媽媽溝通一下，願意的請小貴賓抽取號碼；遊戲中，新人揭曉答案，請被抽中的可愛小嘉賓上台表達獲獎感言或祝福感言，並送一份小朋友喜愛的小禮物。
19	大家一起跳草裙舞	事先準備花環，大家紛紛跳起草裙舞，會場內挑選幾位賓客一起跳舞。提前說明簡單的舞蹈動作，即便臨時參加，也能帶動現場的熱鬧氣氛。 準備道具：花環、事先設計好的舞蹈動作、背景音樂等。 花費時間：10分鐘。 成功關鍵：以鮮花製作的花環，增強華麗感。
20	介紹新人遊戲接力	透過接力的遊戲傳遞麥克風，讓所有人來介紹新人，將麥克風傳遞到每一桌，聽到別人眼中的新人，非常新鮮而有趣；須考慮賓客中可能有人不擅言詞，時間可設定減短些。 準備道具：麥克風。 花費時間：每人30秒或1分鐘。 成功關鍵：事先可通過喜帖或電話等方式告知賓客有這樣的介紹時段。
21	以多色螢光棒區分各桌	如同參加演唱會時使用的螢光棒，每桌選擇不同的顏色。事先向所有賓客發送螢光棒，在新人敬酒時一起亮起螢光棒，現場散發不同顏色的柔和光亮。大家一起揮舞螢光棒的時候，賓客會非常興奮。 準備道具：螢光棒。 花費時間：20～30分鐘。 成功關鍵：當會場的燈光瞬間暗下時，賓客一起點亮螢光棒，讓現場變得亮麗。
22	同甘共苦	遊戲前準備一對戒指，將戒指放入冰箱內將其冰凍成固體狀，在冰粒上塗上辣醬及蜜糖，注意不要將冰塊凍得太大，否則難以溶解。在遊戲開始時，取出這些冰塊，讓新人一起用嘴將這些冰塊溶解，並取出其中的戒指，最後將戒指戴在對方的手指，表達愛意。遊戲亮點是新人在眾人面前接吻。

（續）互動遊戲綜理表

序號	遊戲名稱	內容
23	大紅花轎	這是有一定難度和趣味性的遊戲，讓賓客想起兒時的快樂回憶。遊戲時，由新郎的兩位兄弟扮成花轎，建議由一高一矮的兄弟組合，並由新郎坐在上面來回向賓客收集幾句不同的祝福，最好是指定不同方向的賓客，最後再坐著花轎回主桌，這樣可以帶動全場的氣氛。
24	誰知道比較多?	先準備極酸檸檬15片，白紙數張及有關迎接新郎與新娘的問題。由一位男賓客拿一碟檸檬，由伴郎發問，例如問新郎：「新娘喜歡吃什麼水果？」，新郎及新娘需分別把新人的答案寫在白紙上，之後新郎要講出新娘的答案， 新娘亦須講出新郎的答案，如有一方答錯，就要吃一片檸檬，遊戲直至把檸檬吃完為止。
25	蒙眼吃東西	新娘蒙著眼罩餵新郎吃奶油蛋糕，期間新郎不能用手觸摸新娘，只能通過說話提示，可同時邀請多位未婚男女上台參加，限時比賽誰最快吃完蛋糕。 新郎蒙著眼睛吃掉掛在新娘頸後的九顆葡萄，期間新娘同樣不能做動作，只能用話語提示。
26	以口當手	把絲巾掛在新娘的頸上，在胸前打一個結，新郎需在指定時間內用口把絲巾結解開；如用手解開或超過指定時間，便需罰飲酒或唱歌等。當新郎用口解開絲巾結過程，新娘和新郎會有很多有趣表情，可引得哄堂大笑。
27	坐擁鴻福	1.將紅包貼在各桌其中一個椅子底下，得獎者上台領獎。 2.在各桌其中一個椅子底下，貼一個內裝有樂透彩的紅包袋。 3.在各桌其中一個椅子腳下，繫上一條緞帶，得獎者上台領獎。
28	領餅卡抽獎	於領餅卡上標註流水號，於宴席間利用抽獎程式、賓果機，抽出得獎者。
29	給我一個讚	1.拍下婚宴的任一隅，傳上FB並且按讚，送客時一一呈現給新人看，並領獎。 2.於婚宴打卡，由新人在宴席間公布名單，並且頒獎。 3.基本上適合年輕人較多的宴席，不然長輩們會沒有參與感。
30	有獎徵答	播放完成長影片或交往影片後，以影片中的內容，列出問題，讓賓客搶答。
31	幸運籤餅	於宴席間，請餐廳或二次進場時，伴娘、伴郎團上菜（幸運籤餅），在籤中設計有得獎的籤詞，以及未得獎的謝詞。再請得獎者上台，由新人頒獎。
32	賓果遊戲	利用賓果抽獎機及賓果卡，玩賓果遊戲，新人設定連成五條線或幾條線者得獎。

（續）互動遊戲綜理表

序號	遊戲名稱	內容
33	幸福CALL IN	現場提出和新人密切相關的問題，由賓客打電話回答。第一個成功打通電話並正確回答問題者，即可獲獎。為預防熱情的賓客先撥電話，可將不同問題搭配不同的電話號碼，讓參賽者比看誰眼明手快。 使用道具：手機及號碼數個（新郎、新娘、主持人的皆可）。 花費時間：可長可短，由主持人掌控。
34	圈叉大挑戰	參與遊戲的賓客起立，主持人每唸一個題目，新郎與新娘各自提出答案，參與賓客則自由選擇，相信新郎為正確答案，就舉高雙手；相信新娘為正確答案的，就不舉手。最終選出全部都答對的幸運賓客，即可獲婚禮小物。
35	秘密大公開	給新人每人一張小紙條，要求寫上最肉麻的事、最幸福的事、最難忘的事、最感動的事、最喜歡他（她）的地方、第一次（***）在哪裡、時間等。寫的時候要把2人暫時隔離。再將紙條交由公證人，最後讓新人互相猜對方可能寫什麼，猜不中就等著罰酒。
36	吹氣球	找6對未婚男女上台（不一定認識的），自由搭配；由女嘉賓寫一張字條（可以是對男嘉賓的印象）塞進氣球中，然後發給每人一個氣球，每組至少有一個人吹氣球，第一個吹爆的獲勝，並要大聲唸出字條的內容。
36	猜紅包	主持人準備好幾個紅包，有大面額的，也有小面額的，最少要準備6至8個紅包；隨便拿出一個紅包讓大家猜金額，誰猜中就誰拿走。數字都是比較簡單吉利的，非常好猜，現場很積極，拿到紅包的人也開心，互動性相當好。
38	祝福成語接龍	邀請賓客到舞台接成語比賽，以祝福的成語，堅持到最後的得大獎，其餘的發小獎品。
39	口紅訴真情	新娘口含一支口紅，在新郎臉上寫下「I LOVE YOU」，再讓新郎和新娘臉貼著臉，直至新娘臉上印上「I LOVE YOU」，賓客都認可為止。

資料來源：牽緣婚禮，2011；非常婚禮，2012；淘寶婚慶，2012；結婚新人看過來｜♥N個你必看的訂結婚重點♥，2013；coconia.chocolate，2013； 亞爵婚禮樂團 ，2015。

互動遊戲小提醒

1. 遊戲規則儘量簡單，時間控制在20分鐘之內。

2. 謹防大吵大鬧，以及不雅的話題。

3. 避免賓客無法理解或難為情的小軼事。

4. 適當選擇新人的小故事，打造賓客都覺得有趣的小遊戲。

5. 防止硬拉賓客參與遊戲。

Chapter

11

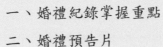

婚禮紀錄

結婚為人生大事，透過專業攝影師、專業攝影器材，以及科技化的進步剪輯軟體應用，婚禮紀錄為新人保留一生的重要記憶。現代的婚禮紀錄，包括新娘的化妝準備、新郎的禮車迎娶、祭祖、拜別父母，以及宴客等畫面，每一個畫面，都是珍貴的鏡頭，需要專業的婚禮攝影師與後製工作者協力完成。此外，透過新人與企劃師溝通，婚禮紀錄服務，依據新人的預算與需求，可提供婚禮預告片、開場婚紗影片、愛情故事影片、成長故事影片，以及快剪快播（Same Day Edit, SDE）等項目。

 一、婚禮紀錄掌握重點

選擇適合新人的婚禮紀錄，需掌握重點，包括：(1)選擇平面攝影或動態攝影；(2)選擇喜歡的合作對象；(3)婚禮紀錄價格；(4)婚禮紀錄後期製作細節；(5)簽約等事宜。

(一)選擇平面攝影或動態攝影

平面攝影與動態攝影都是婚禮紀錄的類型，兩者之間的作品呈現的風格差異性大；包括：

1.動態攝影較能完整的記錄婚禮的細節，平面紀錄沒辦法記錄聲音與互動。

2.平面攝影較不會干涉婚禮進行，動態攝影較能展現婚禮活動的重點。

如果婚禮過程中有許多有趣的節目，不妨以動態攝影紀錄，與親友分享，並安排雙機或三機，以不同的角度，同步捕捉結婚過程。若預算許可，新人可請專業攝影師完成靜態與動態攝影紀錄；通常因為預算的問題，新人可選擇其中一種婚禮紀錄方式；宴客後請親友協助

提供結婚過程紀錄資料。

(二)選擇喜歡的合作對象

選擇喜歡的婚禮紀錄合作對象，主要考量攝影師的攝影技術及作品風格。新人先參考攝影師所提供的作品，並和攝影師溝通，討論婚禮當天的攝影重點，或選擇一整組完整的婚禮紀錄作品討論與評估，包括整體攝影的剪輯技術、流暢度與配樂等後製等細節，仔細選擇喜歡的合作對象。

預算不多的新人不需跨區找婚禮紀錄的攝影師，攝影師跨區服務大多需加價，時間也難控制；結婚的場地攝影師不一定熟悉，無法掌握場景重點，以及拍照的動線等；這些因素可能影響作品品質。

(三)婚禮紀錄價格

除了專業的婚禮紀錄公司外，也有不少業餘的攝影愛好者擔任婚禮紀錄工作。因此，婚禮紀錄的價格依據攝影師的名氣、工作時間、所在地，以及服務內容項目等因素而不同。婚禮紀錄的價錢，從新台幣5,000～50,000元不等；新人可依據各項需求及預算決定。

(四)婚禮紀錄後期製作細節

新人簽約前須與婚禮紀錄攝影師溝通，討論婚禮紀錄的後期製作細節。由於攝影師拍攝風格不同，新人先參考攝影師不同的婚禮紀錄成品；一般而言，婚禮紀錄成品包括修圖和原圖的光碟、光碟的標籤設計，並附有封面或封套。

(五)簽約

新人考量結婚預算，確定婚禮紀錄內容細節後，便需簽約。簽約之前須仔細確認合約規定及預付定金是否合理。

婚禮紀錄的貼心小提醒

1. 不要只看精選，參考至少放100張以上的成品集，才不會誤選只拍精選或側拍、跟拍的兼差玩家。

2. 專業攝影師會避免打光導致白紗過曝或牆壁影子的瑕疵。

3. 優良的曝光、顯色與白色平衡，皮膚才不會暗沉或拍得沉悶，缺少喜氣。

4. 專職的人像攝影師，能活絡現場氣氛與親友互動，是專業加分選項。

5. 強調高價器材的不一定好，但有好器材對好的婚攝是基本條件。

6. 參考好的作品，婚禮攝影不只是擺拍靜態或合照，不是大雜燴。避免不適當的構圖與裁切；優秀的快速構圖取景的判斷能力，能簡化背景，強化主題。

7. 掌握細膩捕捉互動的瞬間，捕捉新人繁忙中錯失親友的笑容，在婚宴拍攝格外重要。（參考結婚新人看過來｜♥N個你必看的訂結婚重點♥，2013）

婚禮影片播放流程

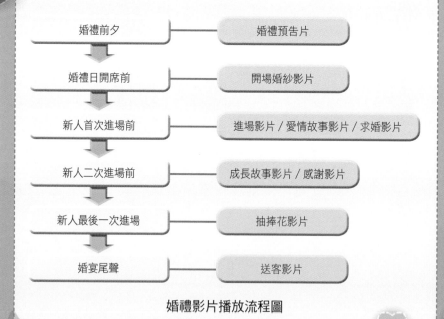

婚禮前夕	婚禮預告片
婚禮日開席前	開場婚紗影片
新人首次進場前	進場影片／愛情故事影片／求婚影片
新人二次進場前	成長故事影片／感謝影片
新人最後一次進場	抽捧花影片
婚宴尾聲	送客影片

婚禮影片播放流程圖

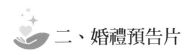
二、婚禮預告片

　　許多新人選擇在婚宴倒數前一個月，甚至更早，以預告片方式，知會親友宴客訊息，或在寄發喜帖後、宴客前發布，提醒賓客親臨會場。婚禮預告片，是新形態的影音邀請函，新人將宴客地點、日期及婚宴主題等訊息，以電影預告方式風格呈現。新人透過網路，以搶先預告的方式發布兩人訂結婚喜訊，在影片中公告宴客日期與地點，並透露關於婚宴主題的故事、趣味活動或精心準備的婚禮小物；希望藉由影片邀請親友當天到場參與盛會。因此，新人可將專屬結婚網址或QR Code註明於喜帖，達成婚前宣傳效果。

　　婚禮影片，一般可分為照片影片、動畫影片、錄製影片等，也有不少新人選擇創意剪輯。婚禮預告片通常會仿效電影預告的模式，除了宴客日期和地點，也可穿插兩人合照、婚紗照或愛情故事簡介，讓親友認識新人。影片背景圖與配樂是不可或缺的要件，長度一般約為1分鐘。預告片主要目的是邀請賓客參與，風格可以很另類、很誇張，新人發揮創意，表現影片的特色及吸引力，讓親友看完影片，醞釀出席婚宴的期待。配樂可以選擇磅礴氣派的曲目，營造電影預告的氣勢；若新人主題婚禮屬於浪漫甜美風，可以加入手繪插畫，或飯店餐

婚禮預告片示意圖

資料來源：（左圖）樂思攝紀工作室，2016（林宗德攝影師提供）；（右圖）森森影像工作室—婚攝森森，2015（王森森攝影師提供）。

廳的菜色及場地照片，搭配兩人可愛的剪影、甜蜜文案等。另外，應用經典卡通動畫、電影開場動畫等方式，也是新人愛用的橋段，影片中，並透露婚禮主題故事或精心策劃的小活動預告，便是引人入勝的婚禮預告片。

三、開場婚紗影片

婚宴正式展開前，現場播放輕音樂迎接賓客，並配合播放新人進場前的暖身影片；營造新人進場瞬間聚焦，揭開序幕。

新人進場前的開場影片，一般多以新人的婚紗照片為主，將婚紗作品剪輯成影片，長度不宜太長，1～2分鐘為佳；主要是介紹即將出場的新人，提醒賓客陸續回到座位，配合秒數倒數，營造新人出場的氣勢與氛圍。開場婚紗影片，可採用簡報軟體PowerPoint製作，並配合文字說故事，於迎賓時段現場循環播放。

開場婚紗影片的主題風格，需與婚禮主題設計一致，新人與企劃師討論，整理需要的素材、照片、插畫、音樂等；若沒有電子檔，則需掃瞄成電子檔，挑選新人的訂情歌，或能訴說新人浪漫故事的主題

開場婚紗影片示意圖

資料來源：森森影像工作室—婚攝森森，2015（王森森攝影師提供）。

曲；若非中文歌曲，最好能確認中文涵義。開場婚紗影片的主題設定後，便可研擬劇本，將素材依序排列後，配合文案，列出劇本大綱；並選擇合適的編輯軟體，上機製作，將劇情調整到最流暢的節奏。編輯時須留意每個段落或頁面的間距需適中，字數愈多預留秒數需更多；影片完成之後，需到婚禮會場試播，確認每支影片都能順暢播放。

 ## 四、愛情故事影片

愛情故事影片播放，是婚宴當天的重要橋段，賓客欣賞愛情故事影片分享新人浪漫故事。愛情故事影片風格大致可分為浪漫甜蜜、趣味俏皮、溫馨感人、搞怪Kuso等類型；主要將兩人從認識、交往到求婚，一路相識相戀的甜蜜過程，剪輯成為3～5分鐘的精華版。愛情故事影片通常安排在第一次或二次進場前播放，也有不少新人將求婚影片、婚紗照、成長過程等，一併編輯在影片；這樣可減少製作時間，並將兩人故事在一支影片中完整呈現，影片長度仍以不超過7分鐘為宜。

愛情故事影片若想呈現浪漫風，可應用手繪插畫妝點影片，例如蕾絲、花朵、城堡、馬車、旋轉木馬、馬卡龍、蛋糕等圖案，或童話故事人物剪影，以及動畫特效等方式，發揮新人的創意與想像力。如果婚宴主題屬於俏皮趣味風，影片畫面可不定時加入無厘頭的搞笑文案，以及逗趣的合照連發，引發現場賓客會心一笑。若影片屬於溫馨感人風格，影片可記錄新人對另一半真情告白的劇情，事前錄音或錄影片段，作為婚宴現場的動人畫面。影片屬於搞怪Kuso風，新人則可自行設計趣味對話，穿插喜劇電影的經典橋段。

此外，許多新人嘗試拍攝愛情微電影，結合婚紗拍攝實景及愛情故事，精心策劃屬於新人風格的創意影片；依照新人或導演撰寫的故

事腳本，重回第一次約會或兩人常去的景點，記錄當初的美麗邂逅與愛情故事。

愛情故事影片示意圖

資料來源：（左圖）樂思攝紀工作室，2016（林宗德攝影師提供）；（右圖）森森影像工作室—婚攝森森，2015（王森森攝影師提供）。

 五、成長故事影片

　　成長故事影片是新人安排在婚宴進行中的特別節目，為了感謝父母的養育之恩，通常安排在二次進場時播放。成長故事影片，主要播放新人從小到大的成長照片，片中穿插兩人交往的愛情故事或婚紗照，亦包括和家人朋友出遊的花絮，最後新人表達對父母的感謝，現場並配合獻花活動，給雙方家長突如其來的驚喜與感動。

　　成長故事影片長度較長，新人若親手製作，最好預留一個月的時間剪輯；影片腳本可依序以成長照、交往過程、求婚告白、婚紗照，以及最後的感性表達，編輯溫馨感人的婚禮影片。

　　成長故事影片播放之外，新人可安排串場小活動，例如抽捧花，將未婚姐妹淘名單設計成單支影片，同時感謝好友對於婚禮籌劃的協助。當婚宴進行至尾聲，新人在送客之前，可選擇播放片尾影片，類似電影版的工作人員謝幕名單，趁此機會感謝在婚宴中曾參與協助

的家人、同事、親友或廠商等（參考veryWed非常婚禮——心婚誌，2013）。

成長故事影片示意圖

資料來源：（左圖）樂思攝紀工作室，2016（林宗德攝影師提供）；（右圖）森森影像工作室——婚攝森森，2015（王森森攝影師提供）。

 ## 六、快剪快播服務（SDE）

現代婚禮的婚禮紀錄廠商會提供當日快剪快播的SDE影片服務。快剪快播服務，是婚禮當日拍攝快剪快播，提供新人婚禮當天儀式拍完後，經過快速的剪輯，即刻在當日的婚宴時分播放。若是訂婚與結婚同日宴客，早上未參與的親友便可欣賞稍早的儀式或迎娶片段，或是播出婚宴現場的親友合照，營造宴會的美好橋段，以及提供當日不克出席的親友經由網路觀賞。新人可在送客時段播放當日精彩花絮，讓婚宴在熱鬧的氣氛中愉快圓滿落幕。

近年來，使用SDE的新人有逐漸增多趨勢，有些新人甚至選擇SDE服務，取代成長影片或交往影片的影片。快剪快播服務內容，新人可選擇化妝準備至儀式結束，或至婚宴結束全程拍攝，或結合當天影像成為新人拍攝微電影的片段。SDE拍攝時間緊迫且裝備增多，完整影片依內容分段、配樂、調色及轉場等特效，並製作DVD選單，以便新人與親友分享觀賞，為人生大事留下完美的紀錄。

SDE快剪快播示意圖

資料來源：（左圖）愛麗絲姑娘＋凱薩琳媽咪部落格，2012；（右圖）主播台下的
小確幸♥貝貝部落格，2015。

Chapter

12

婚禮預算

　　貼心的婚禮企劃師，在與新人討論婚禮細節的過程中，須兼顧新人的預算，為新人企劃一場美好婚禮。

　　婚禮的花費因人而異，並無標準可循，但預算可以在事前進行妥善規劃與配置。簡約的公證結婚、精緻浪漫的婚禮排場，或是豪華版的海外婚禮，都可以依據新人的經濟能力策劃執行；無論婚禮形式是簡約或繁複，只要用心企劃，都能達成新人心中理想的婚禮。

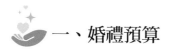

一、婚禮預算

　　基本上，婚禮當中主要的支出，大致可分為：(1)傳統禮俗；(2)婚禮籌備；(3)婚禮當日三大類。婚禮企劃師為新人研擬預算之前，新人先確定婚禮類型，並估算新人的預算，以及可能的禮金收入。一般而言，大部分的喜酒婚宴，若非過度鋪張的排場，大多能與禮金打平，甚至小賺一筆。新人可使用信用卡，享有先刷卡後付費，以及集點折扣的好處。

　　婚禮企劃師為新人訂／結婚所需的各項開支編列預算表，經過兩人的討論協調，聽取雙方家長的建議與要求，挑選兩人最為重視的項目，將婚禮預算區分為必要和次要，並排出優先順序；先把預算分配於必要支出項目，剩餘的經費再配置於次要支出項目，在預算內做最有效的分配，確實記錄每一筆花費，避免超出預算。婚禮企劃師協助新人婚禮預算考慮，省下非必要的支出，把重點放在可供婚後長久回憶的紀錄，或是能讓親友感受賓至如歸的主題婚宴；以及安排新人的蜜月旅行。當婚禮中某一項必要支出比例提高，相對的就該縮減另一項次要支出，把錢花在刀口上，才能達到真正平衡的預算分配，達成完美的婚禮（參考veryWed非常婚禮——心婚誌，2013）。

　　婚禮預算可依各階段項目或費用項目，新人與企劃師討論及估算，綜理如下表所示。

婚禮預算表1

單位：新台幣元

訂／結婚籌備項目	簡約方案	精緻方案	豪華方案
傳統禮俗			
禮俗用品	六禮十二禮5,000～30,000或以上（可用紅包代替）		
聘金	大小聘6～36萬或以上		
金飾	金飾套飾30,000～80,000或以上		
紅包禮	媒人／喫茶禮／伴娘／伴郎／收禮金單包600～6,000或以上		
喜餅	單盒300～400	單盒400～500	單盒500～700或以上
婚禮籌備			
婚紗攝影	三十組包套20,000～40,000	三十組包套40,000～60,000	三十組包套60,000～100,000或以上
男士西裝	單套3,000～5,000	單套5,000～18,000	單套18,000～36,000或以上
婚戒	對戒5,000～20,000	對戒20,000～50,000	對戒50,000～100,000或以上
鑽戒	—	20,000～50,000	50,000～150,000或以上
喜帖	單張10～20	單張20～60	單張60～120或以上
禮車租借	—	3,600～10,000	10,000～20,000或以上
蜜月旅行	國內旅行5,000～10,000 國外旅行20,000～40,000	國外旅行40,000～120,000	國外旅行120,000～200,000或以上
婚禮當日			
婚禮形式	法院公證結婚平日1,000 假日1,500 集團結婚		海外婚禮100,000～200,000或以上
訂／結婚喜宴	酒席每桌5,000～8,000	酒席每桌8,000～13,000	酒席每桌13,000～25,000或以上
新娘秘書	單妝3,500～4,500	單妝4,500～6,500 新娘秘書8,000~13,000	單妝4,500～6,500或以上 新娘秘書10,000～18,000或以上
婚禮攝影／錄影	—	半天6,000～12,000 全天10,000～20,000	半天10,000～16,000 全天20,000～30,000或以上
會場布置	單場3,000～6,000	單場8,000～30,000	單場30,000～60,000或以上

（續）婚禮預算表1

單位：新台幣元

訂/結婚籌備項目	簡約方案	精緻方案	豪華方案
婚禮小物	－	探房禮／進場／活動／布置小物3,000～5,000	探房禮／進場／活動／布置小物5,000～10,000或以上
送客喜糖	單個10～20	單個20～50	單個50～200或以上
婚禮樂團	－	單場10,000～20,000	單場20,000～50,000或以上
婚禮主持／企劃	－	單場6,000～12,000	單場12,000～30,000或以上
成長影片	－	單支1,500～5,000	單支5,000～10,000或以上
總計	15～30萬	30～60萬	60～100萬或以上

資料來源：veryWed非常婚禮—心婚誌，2013。

婚禮預算表2

單位：新台幣元

費用項目	決定結婚	提親	訂婚	結婚	蜜月
婚紗（包套30組）	50,000～70,000				
媒人禮		6,600～12,000			
聘金		10,000～50,000			
提親禮品		1,000～3,000			
六樣禮／十二禮			30,000～50,000		
訂婚禮俗用品			3,500		
訂婚紅包禮				3,000～10,000	
婚戒				15,000～150,000	
喜餅				400～800／盒	
聘金				66,000～360,000	
美容、新娘秘書				10,000～14,000	
訂婚宴				8,000～20,000／桌	
婚紗攝影及禮服費用				35,000～80,000	

（續）婚禮預算表2

單位：新台幣元

費用項目	決定結婚	提親	訂婚	結婚	蜜月
其他首飾配件				因人而異	
喜帖				20～50／張	
禮車				3,000～5,000／台	
攝影費（以4小時計算）				8,000～10,000	
婚禮樂團				10,000～30,000	
婚禮當天錄影				14,000～20,000	
酒水				10,000～50,000	
結婚紅包禮				10,000～40,000	
喜宴酒席				8,000～20,000／桌	
場地布置（以20桌計算）				15,000～35,000	
婚宴當日用品				1,000～3,000	
結婚蛋糕				3,000～10,000	
特殊項目花費				15,000～30,000	
蜜月旅行					30,000～150,000

資料來源：易雷希婚禮動畫，2015。

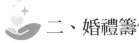

二、婚禮籌備省錢方法

新人在有限的預算經費，透過與婚禮企劃師討論後，掌握以下的婚禮籌備省錢方法重點，仍能擁有一場屬於新人的主題婚禮。

(一)禮俗禮車

以簡約的六禮取代十二禮，或以紅包或現有新品代替，能免去的禮俗儘量避免，同時省下工作人員的紅包禮；結婚禮車可商請親友團

友情贊助，或減少禮車數量及租用時間。

(二)聘金金飾

一般大小聘多為新台幣六萬至三十六萬元，下聘時以支票代替現金。不少女方家長在收下聘金後，貼心地交給新人作為婚禮支出，如此雙方面子與裡子顧全。訂婚下聘時的金飾套組，若是購買一整套粗金鍊飾，新人商量不如選購一款流行金飾，日後可搭配衣服。

(三)婚紗攝影

婚紗攝影包套有10組、20組、30組或以上的選擇；若是單純留影紀念，不需加挑，也不需選擇過多組數，刪去包套中不實用的贈品，還可議價；或是以自助婚紗的方式，挑選外拍景點與化妝攝影禮服。

(四)婚戒

婚戒除了純金、K金與白金外，市面上有鈦金屬、鋼質、皓石等材質；婚戒款式比價格更能代表新人的品味與特質。鑽戒分為10分、20分與1克拉，選擇適合新人且實戴的鑽戒，比挑選名牌美鑽更具意義。

(五)喜帖喜餅

新人可選擇中式或西式喜帖；若制式喜帖無法滿足新人需求，新人可動手設計符合婚禮主題的創意喜帖，合版印刷價格實惠且款式獨一無二。喜餅的訂購可以量制價，盒數愈多折扣愈多，可選擇中式、西式、中西合併喜餅，或加大餅的款式，迎合家長的需求；若是盒數不多，可改選小型蛋糕禮盒取代。

(六)蜜月旅行

新人因預算限制，可安排國內四天三夜的環島之旅或定點深度旅

遊，風光明媚的墾丁或山水秀麗的花蓮，都很適合蜜月假期。國外團體可選擇短程線東北亞、東南亞之旅、日本、巴里島等，都深受新人喜愛；選擇長程歐美洲線或紐澳旅遊，新人可享受不同於亞洲的特殊風情。

(七)婚禮形式

公證結婚不但省時方便，且費用便宜，並可省去傳統迎娶的禮俗。新人喜愛的集團結婚，是不錯的婚禮形式，可依主題的不同，選擇在沙灘、海邊、山上舉行結婚典禮，是一種另類的浪漫婚禮。

(八)婚禮喜宴

提早訂席或利用餐廳飯店的淡季促銷，可省下不少預算；餐廳排場雖然比不上飯店，但菜色分量絕對真材實料，水酒飲料服務費更有議價空間；有不少具口碑的餐廳，裝潢不輸飯店，甚至提供婚禮企劃、主持的整體服務，深受新人青睞；最重要的是精準估算出席人數，才能有效降低現場的空桌率。

(九)化妝攝影

新娘造型可以單妝，取代新娘秘書半日或全天的服務，至於婚禮拍照或錄影，可依據新人喜好預約訂/結婚時段；若是身邊剛好有親友幫忙，可包個紅包作為謝禮。

(十)會場布置小物

親自挑選材料，親手設計製作會場布置小物，例如送客喜糖、送客禮、抽獎禮物、迎賓板、大圖輸出、照片牆等，新人甜蜜體驗DIY自製婚禮小物的樂趣，並可節省預算。

(十一)音樂&影片

　　新人收集喜愛的中、英、日、韓歌曲或古典音樂，配合婚宴情境播放音樂CD；並使用電腦軟體，例如Windows Movie Maker、PowerPoint、Photo Story等，預留時間自製成長影片或婚紗影片，以動人音樂搭配兩人生活照與文案，就是一支精采可期的甜蜜故事影片，可節省不少費用（參考veryWed非常婚禮──心婚誌，2013）。

Chapter

13

海外婚禮

現代新人除了在自己的國家舉辦婚禮外，隨著社會環境的變遷，以及東西文化的融合，許多新人選擇舉辦永生難忘的海外婚禮。海外婚禮是指在各國渡假勝地的教堂，舉辦西式婚禮儀式；或新人在喜歡的海外地區，體驗當地為新人舉辦的異國婚禮。台灣所提供的海外婚禮包套，除了有婚禮儀式外，還包含婚紗攝影，以及結婚後的蜜月旅行等行程。

舉辦海外婚禮的好處，是在海外舉辦小而精緻的婚禮，一般只邀請最親近的親友參加婚禮，讓結婚回歸到兩人同心合一的婚約意義。一般海外婚禮的規模不大，婚禮時間不長，但是由於新人的專注，能讓新人有機會放鬆享受婚禮的過程。新人若選擇海外教堂婚禮，平日忙碌的新人，當天把所有事情都拋諸腦後，享受兩人的婚禮過程，接受親友溫暖的祝福，聆聽牧師對新人委身的祝禱，感受婚戒套在彼此手指的神聖意涵；現場親友無比地感動，新人則留下永生難忘的美好記憶。

海外婚禮有別於台灣舉行的婚禮，一般安排同時進行婚禮紀錄和婚紗攝影；婚禮舉辦及婚紗照一日完成，婚禮完成後，新人可以緊接去蜜月旅行。由於海外婚禮將婚禮、攝影與蜜月集中完成，新人若行前做好預算規劃，其實海外婚禮的花費，比一般傳統婚禮更為經濟實惠。

許多新人嚮往海外婚禮小而精緻與浪漫的概念，但是長輩多希望婚禮能邀請親友觀禮，才算體面熱鬧。為兩全其美，如果預算許可，新人可選擇回國後再補宴客，以滿足新人與長輩的期望。這時新人已經完成婚禮，在婚宴上可以放鬆心情，盡情地享受宴客過程，分享在海外拍攝的婚紗照和影片；長輩也能以較傳統的方式滿足對新人的祝福。

海外婚禮包括：「紀念婚禮」及「合法婚禮」兩種。「紀念婚禮」是見證兩人美好愛情，給予相愛的兩人最深的祝福。紀念婚禮儀式過程中所簽的結婚證書，並非是政府所頒發的，因此不具有任何法

律效益；任何相愛的兩人均可輕鬆舉行。即使已經結婚，或尚未登記註冊，或帶著孩子，都可以舉辦紀念婚禮。紀念婚禮因免去繁雜的法律手續，不僅受年輕新人的喜愛，也能彌補因某些因素未能辦理婚禮的已婚夫婦的機會。

「合法婚禮」需要提供能夠證明單身身分，以及出生證明等資料，由婚禮企劃公司協助新人，在當地政府機關辦理具法律效益的結婚證書。一般而言，新人提前三個月著手辦理相關程序為宜（參考華德培婚禮，2015）。

一、誰適合海外婚禮？

選擇海外婚禮的對象，大致區分為：(1)認同海外婚禮浪漫而精緻概念的新人；(2)舉辦紀念婚禮的人；(3)彌補遺憾的人等。

(一)認同海外婚禮浪漫而精緻概念的新人

許多新人覺得傳統婚儀過於繁瑣，加上現代生活工作忙碌；因此，想拋開傳統婚宴的束縛，不一定要宴請所有賓客，而專注享受兩人的燭光晚餐，或與最親近的親友同享晚宴，開心無負擔地享受最浪漫的婚禮儀式。此外，新人安排海外婚禮同時可規劃蜜月旅行；暫且拋開生活與工作壓力，享受國外風情，精緻品味悠閒又浪漫的環境，營造新生活的美好起點。

(二)舉辦紀念婚禮的人

在國外，許多夫婦會舉辦紀念婚禮；除了重溫婚禮的幸福感，表達攜手扶持的感謝，並再次見證對彼此的誓言。已婚夫婦舉辦紀念婚禮，子女多會同行參加，一起分享這份喜悅，見證父母的愛情；同時成為家族旅遊的絕佳機會。在國外，許多子女幫父母安排舉辦紀念婚

禮，慶祝父母的結婚週年紀念，表達子女對父母溫馨的感恩與祝福。

(三)彌補遺憾的人

許多已婚夫婦因為各種因素，結婚時未能辦理正式婚禮儀式；事過多年，子女有成，想彌補這個遺憾；海外婚禮很適合這樣的夫婦，以浪漫的婚禮彌補當年的缺憾。

除了新人選擇以「合法婚禮」的海外婚禮取代傳統婚禮外；海外婚禮的紀念意義，遠大於它的法律意義，重點是讓兩人在海外放鬆地享受精緻浪漫的婚禮和旅行。

海外婚禮
資料來源：愛戀海外婚禮有限公司，2014。

 ## 二、如何開始籌備海外婚禮？

新人決定舉辦海外婚禮，愈早籌備愈好，牽涉的細節很多；選擇專業與具經驗的海外婚禮公司，提供相關細節諮詢與服務，新人能事半功倍。

(一)選擇並確認合法的公司

海外婚禮業務關係到與國外廠商合作事宜，因此，為保障新人的

權益，一定需先查詢該公司的合法性與信譽是否良好；可參考網路評價、執行案例等資料，選擇專業可靠的婚禮企劃公司。

(二)仔細詢問不吃虧

目前海外婚禮的包套項目多樣，價格不一；選擇包套時，務必仔細詢問包套專案服務內容與價格，若需增加額外的服務項目，確認增加的金額；簽約前，先確認各項服務內容與需求，以免至國外，新人希望增加服務項目時，因費用過高，造成新人困擾而影響結婚的好心情。

(三)精打細算，量力而為

舉辦海外婚禮費用，因婚禮的地點不同，花費也不同；新人若能精打細算，一場海外婚禮的費用會比在國內舉辦婚宴經濟實惠。新人審慎評估結婚預算，與規劃公司詳實規劃海外婚禮花費細節，量力而為。

(四)留意相關法令

新人選擇舉辦海外婚禮時，需要留意有關婚姻的合法登記，是否有法律效力，新人的國家是否承認等法令細節（參考美麗婚禮，2015）。

(五)海外婚禮時間表規劃

結婚是終身大事，每對新人都希望婚禮是完美的。海外婚禮籌備時間依各規劃公司時效不同，如果時間充裕，新人決定結婚，不妨安排婚禮籌備的時間表，不僅可按部就班地執行每一項前置作業，並能提早準備相關瑣碎的細節；新人可委託婚禮企劃師協助規劃相關細節。以下提供新人舉辦海外婚禮籌辦流程與注意事項，綜理如後。

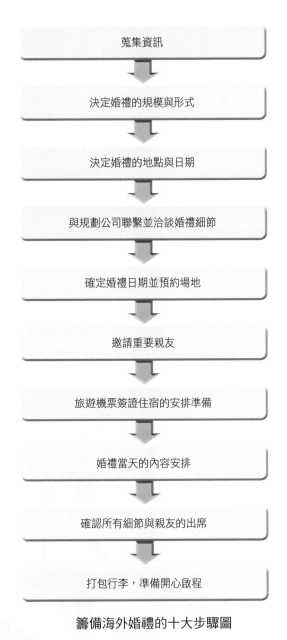

蒐集資訊

決定婚禮的規模與形式

決定婚禮的地點與日期

與規劃公司聯繫並洽談婚禮細節

確定婚禮日期並預約場地

邀請重要親友

旅遊機票簽證住宿的安排準備

婚禮當天的內容安排

確認所有細節與親友的出席

打包行李,準備開心啟程

籌備海外婚禮的十大步驟圖

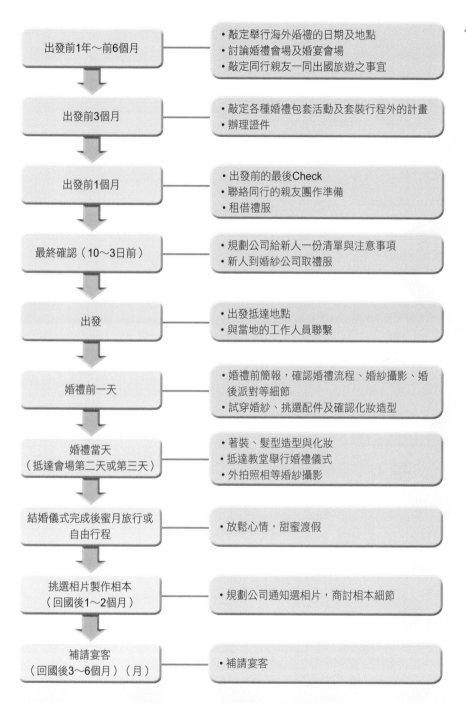

出發前1年～前6個月	• 敲定舉行海外婚禮的日期及地點 • 討論婚禮會場及婚宴會場 • 敲定同行親友一同出國旅遊之事宜
出發前3個月	• 敲定各種婚禮包套活動及套裝行程外的計畫 • 辦理證件
出發前1個月	• 出發前的最後Check • 聯絡同行的親友團作準備 • 租借禮服
最終確認（10～3日前）	• 規劃公司給新人一份清單與注意事項 • 新人到婚紗公司取禮服
出發	• 出發抵達地點 • 與當地的工作人員聯繫
婚禮前一天	• 婚禮前簡報，確認婚禮流程、婚紗攝影、婚後派對等細節 • 試穿婚紗、挑選配件及確認化妝造型
婚禮當天 （抵達會場第二天或第三天）	• 著裝、髮型造型與化妝 • 抵達教堂舉行婚禮儀式 • 外拍照相等婚紗攝影
結婚儀式完成後蜜月旅行或 自由行程	• 放鬆心情，甜蜜渡假
挑選相片製作相本 （回國後1～2個月）	• 規劃公司通知選相片，商討相本細節
補請宴客 （回國後3～6個月）（月）	• 補請宴客

海外婚禮一至半年籌備流程圖

6個月前	• 初估婚禮預算 • 挑選喜歡的婚禮地點與日期 • 挑選配合廠商並初步說明婚禮構想 • 開始蒐集適合新人的婚紗款式

5個月前	• 預約婚禮地點（相關服務人員的預約：證婚牧師、婚禮攝影／錄影、當地新娘秘書等） • 準備賓客名單，預告婚禮訊息 • 邀請親友擔任伴郎、伴娘與花童

4個月前	• 安排旅遊計畫 • 與婚禮企劃討論婚禮細節（婚禮主題／場地布置風格／婚後派對／各項客製化服務等） • 挑選新娘婚紗與新郎禮服 • 確認賓客名單並寄發邀請函 • 拍攝婚紗照

3個月前	• 與婚禮企劃客製化婚禮節目 • 試妝，挑選喜愛的新娘秘書並預約時間（如果從台灣安排新娘秘書） • 挑選婚戒 • 伴郎、伴娘、花童挑選禮服 • 挑選婚紗照片並製作相簿

2個月前	• 確認賓客名單 • 出發前的婚紗試穿 • 確認婚禮當天的流程腳本 • 婚禮當天各個參與人員的工作時間確認 • 婚後派對的場地菜色與節目活動確認 • 飯店場地旅遊確認

1～2週前	• 領取婚紗禮服配件 • 準備並購買各項旅遊用品 • 1～2天前開始打包行李 • 抵達當地，結婚登記，進行婚禮預演

海外婚禮籌備半年行程圖

出發前3個月	出發前2個月	出發前1個月
預約婚禮會場、完成出國旅遊手續及決定婚紗禮服	完成各項套裝行程外的計畫手續	出發前的最後確認

快速籌辦海外婚禮流程圖

海外婚禮行前準備事項表

婚禮相關	美妝相關
□婚戒	□化妝品
□新娘婚紗、新娘鞋	□保養品（安瓶）
□新郎禮服、皮鞋	□防曬用品
□首飾配件	□
□婚紗照片	□
□婚禮小物	□
□婚禮場地確認（交通、時間等）	□
□婚禮當天行程確認	□
□當地的婚禮負責人	□
□其他	□
旅遊相關	**賓客相關**
□簽證	□確認邀請名單
□護照（六個月以上效期）	□機票，住宿安排
□身分證	□當地觀光行程安排
□中英文戶籍謄本（合法婚禮需要）	□行前提醒確認
□外幣兌換	□婚禮當天的正式服裝與鞋子
□機票，住宿安排	□婚禮當天工作分配
□當地觀光行程	□其他
□當地聯絡人	□
□相機等	□
□其他	□

資料來源：美麗婚禮，2015。

 ## 三、海外婚禮場地的選擇

海外婚禮地點的選擇，依據新人的喜好決定，例如具有浪漫的陽光、沙灘、教堂、泳池或戶外花園等環境場地。除了浪漫的環境與設備為新人選擇條件之外，交通便利性、氣候與費用等，都是新人決定海外婚禮地點的因素。

(一)依據地點熱門程度選擇

新人選擇熱門地點舉辦婚禮，由於是海外婚禮舉辦的熱門地點，婚禮套裝服務與設備，便越趨完善。地點愈熱門，愈多人選擇，市場較具競爭性，價格自然會拉低，新人可節省許多蒐集資料的時間，並節省費用。

(二)交通便利性

新人選擇交通便利的地點，有直飛班機，不需大批人馬，舟車勞頓轉機等候，省下的時間可多玩幾個景點。

(三)適合度蜜月的地點

新人選擇適合度蜜月的地點，婚禮之後，新人順便度蜜月。有些地點沒有直飛班機，但是渡假飯店提供的婚禮加蜜月的超值組合，新人可享受甜蜜浪漫的假期。

(四)舒適的氣候

新人選擇全年陽光普照、四季如春，或是擁有春櫻、夏花、秋楓、冬雪的地點，適合新人舉辦幸福浪漫的婚禮。

(五)預算

依據新人的經濟能力，婚禮企劃師為新人訂定合理的婚禮預算。

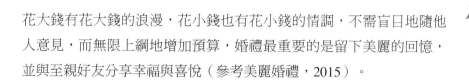

花大錢有花大錢的浪漫，花小錢也有花小錢的情調，不需盲目地隨他人意見，而無限上綱地增加預算，婚禮最重要的是留下美麗的回憶，並與至親好友分享幸福與喜悅（參考美麗婚禮，2015）。

 ## 四、海外婚禮場所

提供舉辦婚禮的場所，五花八門，大致分為六類，包括：(1)海灘婚禮；(2)花園婚禮；(3)Villa婚禮；(4)當地傳統婚禮；(5)古堡／莊園婚禮；(6)教堂婚禮等。

(一)海灘婚禮

海灘婚禮，大多選擇黃昏時刻舉行；傍晚的海灘，徐徐微風吹過，襯著海洋彼端夕陽西下的雲彩，與白天有截然不同的情調。

(二)花園婚禮

花園婚禮，以布置美侖美奐的花園為背景，搭配色彩繽紛的嬌豔花朵及翠綠草地，營造明亮而鮮豔的婚禮環境。

(三)Villa婚禮

Villa婚禮，依據新人的婚禮規模與Villa空間，在隱密的浪漫環境，接受牧師與親友的祝福。在新人住宿的Villa舉行結婚儀式，新人可節省場地費用，浪漫幸福又經濟實惠。

(四)當地傳統婚禮

當地傳統婚禮，新人能夠深入體驗當地文化，舉行當地傳統婚禮。一般當地傳統婚禮套裝，能依據新人的需求，提供客製化的服務內容。

(五)古堡／莊園婚禮

古堡／莊園婚禮，具備完善設施外，郊外景致也都如畫般美麗。婚禮套裝可依據新人的喜好，量身規劃不同的活動行程（參考美麗婚禮，2015）。

(六)教堂婚禮

教堂婚禮，是海外婚禮最常見的婚禮場所之一，考量新人的宗教信仰，並非適合所有新人；因此，有些規劃公司會自行興建華麗的小教堂，提供喜愛教堂婚禮的新人適用。

熱門海外婚禮舉辦地點，綜理如下表所示。

海外婚禮舉辦地點綜理表

大洋洲
關島

聖拉古娜教堂

擁有絕美向海式景觀，佇立在世界級海外渡假村「P.I.C.關島」的腹地內，宛如珊瑚礁上浮出的玻璃教堂。陽光閃爍地照耀著，走過搭架在水面上的橋，面對祭壇向外看，180度視野內藍色大海一望無垠。純白庭園，建置於教堂旁的沙灘前，提供新人專用的私人派對空間，如同置身遊樂園，提供美味料理，新人與親友享受美好的Party。

聖瑪利亞教堂

聖瑪利亞教堂位於坦穆寧市中心的美麗白色沙灘海灣，周圍圍繞挺拔的椰林大道，在藍色天空下閃耀珊瑚礁，外觀令人印象深刻。教堂內部以波光粼粼的藍色彩繪玻璃搭配白色基底，新人在嘹亮的歌聲牽引著步入大理石鋪成的神聖之路，在透明玻璃製的祭壇前，在關島的藍空和大海前，尊嚴莊重地完成婚禮儀式。

這座浪漫深情的島嶼上，別緻且各具風格的結婚教堂遍及全島，多家五星級飯店皆設置結婚教堂。

（續）海外婚禮舉辦地點綜理表

水之交響曲教堂

　　2014年重新整修完畢的水之交響曲，座落於摩登洗鍊的樂天飯店，教堂內部以沉穩的木色裝潢為主，祭壇前方落地玻璃正對著關島清澈大海，並有關島少見且最大型的古典管風琴，為婚禮增添餘韻。

海洋宮殿教堂

　　位於關島杜夢灣上的The Westin Resort，距離購物中心很近，優越的地理位置吸引了很多新人前來。現代式的外觀，是由當代著名建築師Riccardo Tossani設計，外觀由如天使般爬上階梯，一層一層地為新人揭開幸福之路；優雅的弧度曲線，彷彿延伸到天際。教堂內混合著粉紅色和白色的典雅設計，在透明祭壇後方，無限延伸的落地窗，營造浪漫而莊嚴的空間。

愛之天空教堂

　　愛之天空教堂，於2015年9月開放服務。擁有絕佳地理位置的獨立型教堂，位於關島浪漫美麗地標Two Lovers Point（戀人岬）旁，將杜夢灣盡收眼底。教堂外觀時尚的設計，270度環海的美麗景緻帶給新人永誌不渝的愛情承諾和值得珍藏永久的美麗婚禮。

戀人教堂

　　以西班牙文戀人之意的「Amantes」命名的戀人教堂，有著充分的隱密感。當大門打開的瞬間，可從祭壇後的全面落地窗遠眺絕美傳說與教堂之名互相呼應的戀人岬，八角形的構造讓賓客的座椅面向新人，在小巧可愛的教堂舉行婚禮，感受親友滿滿的祝福。

夏威夷

鑽石安妮拉花園教堂

　　鑽石安妮拉花園教堂，坐落於鑽石角火山下，擁有以鮮花、綠樹、太陽為題的900坪大庭園。庭園內終年盛開的各式花朵為新人獻上永生祝福。可愛的祭壇內，裝飾從英國教會移來的彩繪玻璃。教堂旁的宴會廳，具有完善的設備和細心的服務，婚禮後不需花費時間移動到宴會場地，可充分享受與親友分享幸福時刻。

（續）海外婚禮舉辦地點綜理表

天堂灣水晶教堂

　　白色的教堂建置在臨海的廣大綠地上，高聳的鐘樓是最大的特色。陽光穿過教堂整片的玻璃窗，配上祭壇前方的深藍大海，彷彿身在異世界。大理石的聖潔之路與象徵永恆之愛的花朵，以及教堂上方設置的三盞水晶燈，營造婚禮的華麗感。藍天、白雲、綠地、大海、搖曳的椰子樹、潔白的浪漫教堂，夏威夷的天堂灣水晶教堂聚集所有浪漫婚禮的元素。

鑽石白沙教堂

　　教堂位於夏威夷歐胡島上，最具規模Hilton（希爾頓）Hawaiian Village Waikiki Beach Resort內，濱臨著名威基基海灘，坐落於鑽石火角山下，因著細緻的白色細砂而命名。天然石材的聖潔之路引領新人邁向神聖殿堂，祝福新人美滿永恆。

塞班

凱悅白沙禮拜堂

　　凱悅白沙禮拜堂（Hyatt White Sands Chapel），由凱悅飯店經營，是一座被美麗海岸和熱帶庭園環繞的教堂。透過天窗，陽光的光芒照亮白色的大理石教堂走道，新人踏上由白色大理石鋪成的走道，緩緩步向神聖的婚姻殿堂；藉由唯美的電子管風琴演奏，為浪漫的婚禮儀式拉開序幕。婚禮後，新人可在庭園和海岸進行拍攝，將整個塞班美麗的海岸線和蔚藍的大海納入新人的婚紗相本。

瑪麗安娜海岸教堂

　　瑪麗安娜海岸教堂（Marina Seaside Chapel），是Marina Resort & Spa渡假村的婚禮教堂。這個西班牙風格的教堂背靠蔚藍的大海，窗戶以經典的彩色玻璃裝飾，其他建材均由木頭製成。在教堂不遠的海邊，設置可愛的鈴鐺花亭。婚禮儀式結束後，新人可在教堂周邊和海邊取景，將塞班島美麗的景色，盡收在新人的結婚相本。

（續）海外婚禮舉辦地點綜理表

遊艇婚禮

塞班島遊艇婚禮，提供新人獨占塞班島寶藍色的海洋。在塞班島美麗的海洋上舉辦最特別的婚禮，享受家人的祝福與大自然的美麗景色。

亞洲

日本北海道

玫瑰花園克萊絲特教堂

占地2,500坪的玫瑰花園克萊絲特教堂，以「傳播愛的信息」為出發，為新人提供一生難忘的感動婚禮和幸福回憶。教堂屬於正統的新教教堂，不只舉辦結婚典禮，並定期舉行彌撒和禮拜。玫瑰花園克萊絲特教堂是由二十年以上婚禮服務經驗的SOWA公司所投資上百億日幣建造。玫瑰花園克萊絲特教堂是由義大利教堂設計師統籌設計。許多建材從歐洲進口，教堂內的彩繪玻璃和管風琴耗費巨資聘請歐洲師傅製作完成。

愛斯基摩冰屋

日本北海道專門打造浪漫冰雪童話王國「愛斯基摩冰屋」，感受室外零下30℃及室內零下15℃的溫度下，置身用雪和冰砌出外表晶瑩剔透的冰屋。CLUB內享用暖融融的CHEESE鍋，彷如雪國芬蘭冰屋的奇異體驗。

使用12,000噸雪和400噸冰所打造，冰屋內所有裝飾都是由冰雕刻而成。冰雕常是冬季旅遊的噱頭，將冰雕打造一座可舉行「白色婚禮」的冰雕婚禮儀式，這座冰屋位在日本北海道，只有每年1月～2月底冬季才舉行婚禮。裡面的裝飾全部都是用冰雪砌成的，頗具浪漫的炫麗燈光閃著晶瑩奪目的光芒，在此舉行婚禮或婚紗攝影，是一種奇妙新奇的體驗。

冰屋婚禮所有建材是由冰雪打造，必須先以不鏽鋼做出房子的模子，在外圍豎起木頭牆，之後將雪吹進不鏽鋼層與木牆之間，待三天之後雪凝結，便可將模具拆開，進行內部冰雕裝潢。

（續）海外婚禮舉辦地點綜理表

冰之教堂

最夢幻的冬之教會，世界僅此一座，只在冬季的北海道，從圓頂的外觀、祭壇、聖潔之路到十字架，完全以冰雪打造的冰藍世界。水在自然循環下幻化的冰之空間；在每個瞬間幻化不同表情，極致的藍色景觀。

在這裡沒有祭壇、花窗玻璃、聖歌、管風琴，看不出傳統教堂的樣貌。以「和自然共生」的主題所創作出的神聖空間。當眼前高5公尺、寬10公尺的玻璃窗門緩緩開啟，耳邊傳來悅耳的風聲、鳥鳴、潺潺流水聲及廣闊的藍天，此時鳥鳴流水聲取代聖歌及管風琴聲，表情時時變換的天空取代花窗玻璃，為佇立在此的新人獻上祝福。

世界級建築師安藤忠雄，以「和自然共生」為概念，透過建築與自然的「水，光，綠，風」，藉此淨化心靈。讓新人在此許下誓言。只有在零下30℃冰晶，才有如此的純粹透明，才能如此纖細的反射每道光芒。

石之教堂

擁有翠綠森林及美麗湖泊的Nidom渡假村，位於北海道苫小牧市，占地超過500萬平方公尺。Nidom在北海道原住民愛奴族的愛奴語中所代表的意思是「歡迎您蒞臨一個充滿具生命力，生生不息而神聖的河川湖泊及翠綠的森林」。在北海道獨有的綠色環境中，在自然神祇的祝福下，在奇蹟的空間裡舉行令人難忘的結婚典禮。

Nidom「石之教堂」是長時間日本現代建築領導者，已故的伊丹潤先生的代表作。他以坡窯為設計概念，像陶藝家在窯前祈禱般，一面祈禱著兩人的幸福，一面將石材一個個小心地堆疊起來，耗時三年才建造完成。石之教會使用的石材為四國・香川縣產的高品質庵治石。庵治石為世界知名雕刻家野口勇（Isamu Noguchi）所喜愛的「花崗岩中的鑽石」。有著如同櫻蛤般的纖細色彩及優美光澤，經過數百年的時光，不但沒有褪去光澤，石與石經過時間的歷練反而變得更加堅固。

森之教堂

Nidom「森之教堂」，使用的木材是被盛行用來建造小木屋，在芬蘭稱為「木的寶石」的「銀松」建材。稀有的光輝存在於拉普蘭的少數地區，經過七百年的時間與森林產生共鳴，進而創造出神祕又溫暖的聖地。祭壇右側的暖爐，進入冬天會點起火燄，溫暖教堂內部。癒療的火燄可以解除新人的緊張，將大家的心串聯在一起。

從大片的玻璃望出盡是森林的景色，森林裡立著閃閃發光的白色十字架，包圍著這片幻想般景象的是純粹而潔白的窗棱，象徵通往幸福的通道。潔白的窗櫺是將沒有損傷的北海道的樺櫻保留切面，染成純白，當新郎與新娘站在前面，彷彿是一幅美麗的畫像。

（續）海外婚禮舉辦地點綜理表

日本沖繩

愛妮絲婚禮教堂

愛妮絲渡假婚禮教堂（Eines Villa de Nozze Okinawa），是專門為新人設計的婚禮渡假飯店，享受不受外界打擾，專屬兩人的甜蜜時光。島上時光緩慢悠閒，愜意享受「渡假婚禮」的美好時刻。愛妮絲渡假婚禮教堂是目前在沖繩提供最完整設備與服務的教堂。除了新人專屬化妝室，親友迎賓大廳，浪漫唯美的教堂，並提供新

人頂級的海景Villa住宿，高級的宴會廳，和限定新人使用的Sunset Bloom浪漫餐廳，提供新人享用精緻餐點。

海貝殼教堂

四周皆為玻璃落地窗構成的「Sea shell blue」，在教堂內便可眺望波光閃閃的大海及一望無際的藍天。在自然透射而入的陽光下，充滿南國氣氛的環境中，舉行專屬於兩位的渡假婚禮。

與飯店互相連結的「Sea shell blue」，可提供在此舉辦婚禮的新人舒適的住宿空間，新人放心地招待親友。飯店內休閒設施齊全，在鄰近的美美海灘（Bibi Beach）可以享受多樣水上活動。

藍月教堂

是親近沖繩大自然的教堂，建材採用仿琉球石灰岩，內部以白色為基調，大片落地窗的簡潔設計；新人沉浸於南國輕鬆的氛圍中，舉行溫馨的美麗婚禮。

鑽石海洋教堂

鑽石海洋教堂，矗立在喜璃癒志海洋SPA飯店（Kariyusi Beach Resort Ocean Spa）園區內山丘上，教堂內採360度環繞落地窗遠眺水藍色大海，彷彿鑽石般閃耀著。在藍天、太陽、大海、森林的守候下，新人許下摯愛誓言。

由Kariyusi／喜璃癒志集團所經營的Ocean Spa飯店，園區內擁有多項複合式設施的大浴場

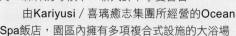

「森之湯」、「海之湯」、露天風呂、三溫暖、花園游泳池、室內游泳池、水療按摩池、海濱游泳池、健身房等，新人可以在此放鬆身心，享受飯店多項服務。此外，飯店內並提供多種飲食餐館「暖流滿菜」、「BBQ」等料理，滿足新人美食享受。

（續）海外婚禮舉辦地點綜理表

水幕教堂

　　水幕教堂位於Marriott Resort Spa酒店內，以水為主題教堂，如同寶石般閃亮的海水印證著新人愛的誓言。教堂三面落地玻璃，坐擁270度海洋景象，望向浩瀚無邊蔚藍色海洋。教堂頂部以船身設計，寓意新人從此邁向人生的另一階段，兩人同舟共濟。

　　五星級的沖繩萬豪渡假酒店位於沖繩名護市，鄰近令人讚嘆的美麗海灘。酒店被極其迷人的海岸風景及自然風光環繞著，俯瞰美麗大海，新人共同欣賞醉人的日出、日落。酒店娛樂設施豐富多樣，包括按摩、健身中心、室內外游泳、SPA等，為新人、親友提供輕鬆、休閒的渡假環境，享受奢華的住宿體驗。

巴里島

阿里拉烏魯瓦圖婚禮

　　烏魯瓦圖渡假村毗鄰著名的斷崖神廟，矗立在石灰岩岬角的高崖上，俯瞰蔚藍的印度洋，酒店將自然美景盡收眼底。在阿里拉烏魯瓦圖度假村裡，當代巴里島式設計人土風情與富含文化意蘊的個人體驗完美融合，舒適的空間與設計，提供旅人最奢華的渡假享受。酒店重視環境與環保的概念，擅用火山岩、石灰石等天然石材，融入自然氣息，展現原汁原味的巴里島風情。

阿南達拉教堂婚禮

　　坐落在巴里島的幽靜南部海岸，安納塔拉巴里島烏魯瓦圖Resort&Spa酒店的巧妙設計，沿岸懸崖下，豪華套房、泳池別墅和複式閣樓融合印度洋的美景，以及堅固的自然美景，提供獨特的方式，體驗特殊的島嶼風情。

阿雅娜渡假村婚禮

　　熱帶雨林的暖風和碧藍清澈的海水令人迷戀，搏擊在驚濤駭浪之中，在壯麗的懸崖上實現新人的婚禮夢想。

　　從親密的家庭慶典到盛大的晚宴歡慶，迷人的海濱世外桃源為新人的婚禮提供令人心馳神往的舞台。在色彩繽紛的花園及飯店內2,000棵雞蛋花的樹冠叢中交換著誓言，或在海景露台前，進行新人的私密儀式。

（續）海外婚禮舉辦地點綜理表

悅榕莊婚禮

印度洋的落日迷人，在海邊林蔭路一邊面對大海，圓月升上海天中間，月光輕瀉海面，透過鮮花，樹影婆娑，和海灘邊的石雕古燈，幽藍的海水閃動著粼粼波光，充滿靜謐溫柔氣氛；前景，中景、遠景，猶如一幅極優美的畫作。無論在私人別墅或是壯美海景襯托下的懸崖邊上及泳池的水上婚禮，巴里島悅榕莊提供新人在最特別時刻打造神話般的回憶。

藍點灣教堂

頂級的海灣渡假勝地，坐落在巴里島最南端的烏魯瓦圖區海岸邊，猶如實現夢境般，將最舒適的環境與最棒的海洋景色結合，提供瀰漫海洋風情的渡假別墅，新人可在巴里島橘黃色的夕陽下用餐，或漫無目的遠望鑲滿繁星的夜色下談天。泳池旁的白色婚禮教堂，有著超級無敵海景當背景襯托著，許願絢爛華麗的人生。

寶格麗婚禮

寶格麗渡假別墅，是由義大利名建築事務所Antonio Citterio and Partners所設計，共有59間別墅，以現代的角度重新詮釋傳統的巴里風味，展現寶格麗獨特的義大利風格。

坐落在美麗的金巴蘭灣皮卡圖村烏魯瓦圖區附近，既充分吸收巴里島獨特的建築風格，並延續Bvlgari義大利品牌的浪漫風情，一棟棟順著斷崖地勢興建的私密別墅，讓新人直接從私人別墅陽台，一覽印度洋絢爛的夕陽景致。

永恆教堂

巴里島港麗飯店的永恆教堂（Conrad Hotel Infinity Chapel），代表兩人的永恆愛情，發展無限的可能。玻璃教堂正對著蔚藍大海，一條長長的走廊連起，從四周通透的玻璃落地窗能看到海景和熱帶花園的美景。教堂內部經常被鮮花裝飾，每年都有新人在這裡舉辦婚禮。

（續）海外婚禮舉辦地點綜理表

火鶴教堂

　　火鶴別墅，擁有山丘上最傲人的景色，四周環繞著樹林，位於巴里島的西南端，俯瞰樹林遮掩著印度洋的一波波浪潮。火鶴代表幸福，在巴里島喜歡成雙成對，新人在此舉辦結婚，永浴愛河。

日航酒店Wiwaha教堂婚禮

　　Wiwaha婚禮教堂是唯一專為人與物慶祝的空間，教堂內的地上有一條看見槽的玻璃通道及180度俯瞰著印度洋。為了讓新人有一個美好的回憶，NIKKO飯店特於斷崖上打造了屬於新人的Wiwaha婚禮教堂，新人的婚禮美麗而浪漫。

瑞吉酒店雲之教堂

　　美國頂級酒店集團St. Regis一向走富麗堂皇路線，以往選址都是Bora Bora、加勒比海等歐美富豪渡假勝地。以傳統的印尼皇家風格為基調，布置展現奢華優雅；被評為「2008年度10大最新酒店」及「2008年50大全球最佳酒店」。也許是近年亞洲大熱門，該酒店繼2007年在新加坡開設亞洲首間城市酒店後，又在巴里島建成其亞洲首個大型渡假村。擁有44間獨立別墅和79間豪華套房，設計充滿巴里島的色彩和風情。其中空間偌大的獨立別墅，不少推開後花園小門便是細白沙灘，可直接到私屬海灘。

水之教堂

　　水之教堂（Tirtha Chapel），分為兩個教堂，2003年6月建造Tirtha Uluwatu烏魯瓦圖聖水教堂，後期2005年11月建造Tirtha Luhur聖潔教堂；教堂區有專屬雞尾酒會及婚禮晚宴的私人場地，讓賓客盡情享受印度洋的風光。教堂位於巴里南端，擁有烏魯瓦圖湛藍平靜的懸崖海景，眼前遼闊無際的海洋搭配四周繽紛燦爛的花朵，讓新人沉浸靜謐美景。兩座高雅精緻、服務嚴謹的教堂，舉辦神奇的婚禮，讓神之島上刻劃新人深刻的回憶。

（續）海外婚禮舉辦地點綜理表

泰國普吉島／蘇美島

拉古拿湖畔教堂

泰國唯一以渡假勝地為依託的富麗堂皇的婚禮教堂。

來自於泰國水上文化靈感，迷人的湖畔教堂以柱子支撐，悠然漂浮在泰南拉古拿渡假村的熱帶水道之上。輕鬆的內部裝飾、潔白的格調，莊嚴幸福。由滑動玻璃構成的教堂側面牆壁打開時，充足的陽光無遮無擋，創造恍若室外的感覺。高聳的屋頂、玻璃牆壁、流水背景、繁茂的熱帶花園，以及近在咫尺的海灘，新人的美麗記憶成為永恆。

薩博伊渡假酒店沙灘婚禮

與世隔絕又美麗動人的薩博伊渡假酒店位於蘇美島大佛海灘（Big Buddha Beach）上，四周環繞幽靜的熱帶花園與精緻造景，充滿悠閒幸福的渡假氣氛。

酒店內有多間精美渡假別墅，沿著斜坡分布於海濱，另有其他套房（採用清爽的現代化裝潢風格），並提供美味精緻餐點。「微風」池畔餐廳提供舒適的早餐服務，包括現烤麵包和麵食、健康美味沙拉及數種亞洲最受歡迎的美味料理。新人晚宴置身於燭光與海濤聲中，享受海濱晚餐，畫下一天的句點。或在美味妙處餐廳（Quo Vadis Restaurant），體驗慵懶舒適的吧食用餐空間，餐廳裝潢為舒適愜意的摩洛哥風格，由廚藝精湛的行政總廚製作美味西班牙小菜或「地中海－亞洲」創意混搭料理。

資料來源：金紗夢婚禮，2015。

 五、海外婚禮套裝

選擇海外婚禮很浪漫，並可結合婚紗拍攝及蜜月旅行，是許多新人嚮往的結婚模式。

(一)全包式套裝

以每對新人為收費單位，費用包含來回機票、飯店住宿、當地導遊或觀光行程及婚禮套裝。

(二)婚禮套裝+自由行套裝

以每對新人為收費單位，購買婚禮當天的套裝行程，新人再依新人的需求，挑選適合的自由行或團體行程。

海外婚禮的套裝內容

婚禮基本套裝		
西式教堂婚禮	泰式傳統婚禮	巴里島皇室傳統婚禮
1.場地使用（新娘化妝室／親友等待室） 2.婚禮場地布置 3.牧師證婚 4.現場樂手演奏及歌手詩歌吟唱 5.教堂婚禮見證書（不具法律效力） 6.新娘捧花／新郎胸花 7.專業新娘髮型及化妝 8.撒花瓣祝福儀式 9.婚禮統籌工作人員（無親友到場者，可提供兩位證婚人） 10.婚禮全程數位照片光碟（收錄100張照片） 11.切結婚蛋糕儀式 12.迎賓飲料及輕食供應 13.全程華語翻譯服務人員 14.全程專屬接送車及司機服務 15.禮成香檳及汽球祝賀	1.長鼓奏樂遊行 2.僧侶祝福儀式 3.泰國傳統潑水禮（代表祝福） 4.新郎／新娘花冠 5.儀式場地布置 6.邀請五位僧侶見證婚禮儀式 7.僧侶的接送（寺廟／會場） 8.寺廟捐款與食物 9.數位攝影光碟片 10.房間蜜月布置 11.婚禮隔天的房內早餐 12.婚禮後的新人按摩 13.紀念結婚證書（無法律效用）	1.儀式場地布置 2.皇室傳統新郎新娘服飾 3.新娘髮妝造型 4.巴里島樂團演奏 5.傳統婚禮歌手 6.傳統服小花童 7.傳統舞蹈表演 8.祭司與供品 9.婚禮儀式助理與人員 10.婚紗照 11.紀念結婚證書（無法律效用） 12.婚禮前排演

資料來源：美麗婚禮，2015。

(三)自由行套裝

許多海島型渡假飯店都提供房客婚禮儀式服務，不同的飯店規模會有不同的套裝收費，如果只是想舉行極簡的證婚儀式，有些飯店甚至能提供房客免費服務（參考美麗婚禮，2015）。

六、海外婚禮前日、當日流程——以關島為例

提供海外婚禮舉辦的地點很多，以下列舉關島舉辦海外婚禮的前一天準備工作與當天的婚禮流程。

(一)海外婚禮前日

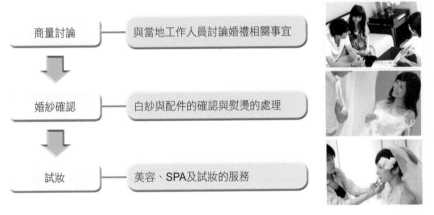

商量討論	→	與當地工作人員討論婚禮相關事宜
婚紗確認	→	白紗與配件的確認與熨燙的處理
試妝	→	美容、SPA及試妝的服務

海外婚禮前日準備流程圖

婚禮前後的晚上，選擇下榻在會場所在的飯店，方便婚禮活動舉行；參加的賓客儘量投宿在同一家飯店。

(二)海外婚禮當日流程

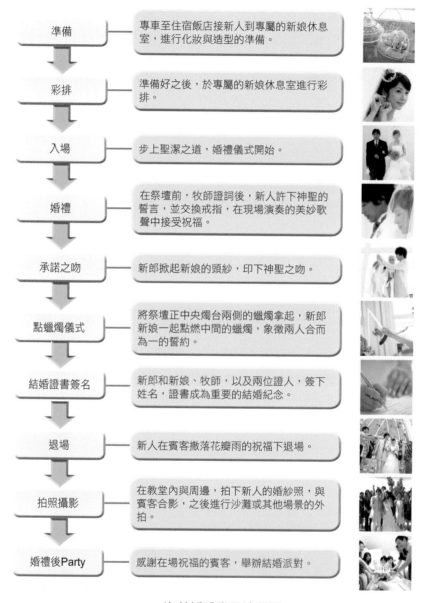

準備	專車至住宿飯店接新人到專屬的新娘休息室，進行化妝與造型的準備。
彩排	準備好之後，於專屬的新娘休息室進行彩排。
入場	步上聖潔之道，婚禮儀式開始。
婚禮	在祭壇前，牧師證詞後，新人許下神聖的誓言，並交換戒指，在現場演奏的美妙歌聲中接受祝福。
承諾之吻	新郎掀起新娘的頭紗，印下神聖之吻。
點蠟燭儀式	將祭壇正中央燭台兩側的蠟燭拿起，新郎新娘一起點燃中間的蠟燭，象徵兩人合而為一的誓約。
結婚證書簽名	新郎和新娘、牧師，以及兩位證人，簽下姓名，證書成為重要的結婚紀念。
退場	新人在賓客撒落花瓣雨的祝福下退場。
拍照攝影	在教堂內與周邊，拍下新人的婚紗照，與賓客合影，之後進行沙灘或其他場景的外拍。
婚禮後Party	感謝在場祝福的賓客，舉辦結婚派對。

海外婚禮當日流程圖

資料來源：World Bridal－海外度假結婚專賣店，2015；作者繪製。

七、海外婚禮常見問題

(一)在海外婚禮兼度蜜月有哪些好處？

既省時又省錢，將婚禮、婚紗照、蜜月等一次完成。回國後若有計畫辦婚宴，可將海外婚禮所拍攝的婚紗照，婚禮儀式等活動DVD在宴客時候播放，讓親友一起分享甜蜜與幸福。

海外婚禮包套價格是依所選擇的國家、教堂、婚禮包套的類型，以及舉辦日期等因素而定。新人若事前做好海外婚禮的經費規劃，選擇海外婚禮，是省錢的結婚方式；因為海外婚禮省去許多台灣傳統婚禮的繁瑣禮節的費用，包括訂婚和結婚所需的大、小聘、婚紗照、喜宴等約需70萬元。海外婚禮只需花一半，甚至更少的費用；新人同時可規劃蜜月旅行，省錢並節省時間。

(二)海外婚禮何時開始計畫？

在預定婚禮日起一年內即可預訂教堂時段。因此，建議新人於婚禮前半年至一年開始籌劃海外婚禮相關事宜。若預定的婚禮日期為連續假期或某些具特別意涵的日期，建議即早預訂教堂時段及機位。

(三)在海外舉辦婚禮，需要給工作人員小費嗎？

在歐美國家，時興給小費的習慣；為了良好的互動，入境隨俗，建議新人多準備小面額的紙幣，例如美金5元。新人可針對滿意的工作人員，或提供貼心服務的人員，給予美金10～20元的小費。在日本，沒有給小費的習慣。

(四)新人選擇哪些國家？

目前台灣新人選擇海外婚禮地點，最熱門的莫過於關島、巴里島的頂級SPA婚禮，其他如日本的教堂式婚禮、馬爾地夫的海島婚禮、

夏威夷的渡假婚禮、紐西蘭的熱氣球婚禮等，也是新人結婚的浪漫選擇。

(五)海外婚禮可以取得台灣法律承認嗎？

到海外舉辦婚禮，想要取得台灣法律的承認，需先確認台灣是否承認該國家所舉行的婚禮。如果台灣承認，便可以辦理當地的結婚證書，完成當地政府的文件處理程序。並不是每個國家或地區都有正式的結婚證書，如果選擇的地方無法提供，建議在台灣公證即可。

(六)海外婚禮舉辦完畢，何時取得結婚證書？

主要依據台灣在該國是否有駐辦單位，需作蓋章確認；確認後便可將結婚證書翻譯成中文，返台後直接登記註冊。需要注意的，是結婚後一個月內未至台灣戶政機關登記，視遲辦天數，新人將付罰款（大約需罰款75元以上）。

交通方便的關島價位合理，結婚證書也被全世界（包括台灣）承認，建議新人最好提前向當地政府部門申請，大約需花五個工作天，是最快速完成海外結婚證書申請的地區；巴里島的結婚證書在台灣並不具法律效力，但價格較為便宜；另外在夏威夷舉行海外婚禮手續繁瑣，以及費用偏高，所以選擇的新人相對較少（參考華德培婚禮，2015；美麗婚禮，2011）。

海外婚禮的提醒

◎地點的決定很重要

近幾年，許多因名人效應而「爆紅」的海外婚禮地點，引起大家起而效尤。名人婚禮為了避開媒體關注，選擇長途跋涉或簽證不易辦理的地點，並不見得適合一般新人。反之，例如關島婚禮、菲律賓長灘島婚禮，或是渡假勝地——巴里島，因為海島風景秀麗，

加上直飛班機便利，而受到新人高度的嚮往與興趣。因此，新人挑選海外婚禮地點時，參考「名人行程」之餘，並考量場地設備、交通與經費等外在因素。

◎婚禮禮儀須知

一般婚禮會場的預約有固定時間，需提早到場準備，必須準時結束。

舉辦教堂婚禮，須留意教堂是神聖的場所，參與婚禮的新人及觀禮的親友，需穿著正式服裝，勿喧嘩或隨處走動。

新人如購買海外婚禮套裝，儀式進行中嚴禁拍照；當天教堂當地的工作人員將進行全程攝影或錄影。

歐美國家時興給小費的習慣，新人若滿意接待人員的服務，包括化妝師、牧師、攝影師、導遊、琴師、歌手、司機等人士，建議新人各給予美金5～20元不等的小費。

若非不可抗拒的理由，預約婚禮場地後取消是無法全額退費的。一般而言，旅行社接受改期，若取消預約，則沒收訂金或一定比例的婚禮費用。

◎造型婚紗的選擇

海外婚禮的套裝行程，大多包含當地的新娘髮型與化妝，以及婚紗禮服的租借服務。

❤ 造型部分

由於語言溝通限制，建議新人事先準備喜歡的造型圖片，現場與造型師溝通。如果預算許可，可多負擔台灣造型師的費用，將造型師帶到海外幫新人打理；有些國家嚴格規定只能採用當地的造型師，新人應事先詢問，避免雙方造型師覺得專業不被尊重。

❤ 婚紗部分

婚顧公司的海外套裝，通常包含當地禮服公司的租借服務，抵達當地才挑選禮服，無法精挑細選，新人可能面臨不滿意款式的困擾。因此，無論是透過婚紗公司租借或自行購買，建議新人由台灣挑選滿意合身的款式，直接攜帶至海外；新人同時配合婚禮舉辦的場地，事先挑選適當的禮服、鞋子與其他配件。

◎婚後的派對

　　若邀請親友一起至海外參加婚禮，儀式後的婚宴，是與親友同歡、分享新人喜悅的時刻，並藉此答謝親友的場合。新人依照親友的喜好，可以很隆重地在餐廳聚餐，或輕鬆自在地舉辦雞尾酒派對，或是B.B.Q晚宴等方式。也能挑選風景舒適怡人的戶外場地，搭個帳篷，安排樂隊現場演奏，享受浪漫幸福的婚禮派對。

◎熱帶國家的防曬措施

　　在熱帶海島國家舉辦婚禮，新人記得做好防曬工作，尤其是皮膚白皙的東方人，在艷陽下很容易曬紅曬傷。須隨時補充水分，洋傘、遮陽帽或是太陽眼鏡都是必備的防曬小物。不同隔離係數的防曬乳產品有不同的防曬時效性，無法因應全天的強光，新人需做好行前防曬措施。

◎省錢不該是唯一的考量

　　有些新人追求浪漫婚禮的經驗，選擇到海外舉行婚禮；由於預算限制，一切以省錢為最高原則，反而喪失海外婚禮值得體驗或享受的活動經驗。既然兩人難得的機會決定到海外結婚，或可多花些費用保留重要的儀式或畫面，事後回想才不致遺憾。（參考美麗婚禮，2015）

海外婚禮婚後派對示意圖

資料來源：芙蝶創意婚禮設計有限公司，2016（呂信達婚禮顧問提供）

參考資料

一、研究報告、論文

行政院勞工委員會（2008）。「服務類課程訓練計畫書——婚禮顧問」。行政
　　院勞工委員會職業訓練局泰山職業訓練中心。

胡珮莉（2014）。《婚禮小物消費需求與偏好之研究》。台灣藝術大學碩士論
　　文。

二、網站

❤princess芸的幸福小天地❤，2016，http://sweet9023001.pixnet.net/blog

❤小文生活雜誌❤，2015，http://evelynwang53.pixnet.net/blog

❤亞爵婚禮樂團❤，2015，http://a45255.pixnet.net/blog

10塊錢部落格，2015，http://ingrid3333.pixnet.net/blog

BeautiMode創意生活風格網，2014，http://www.beautimode.com/

cawaiimonkey520的部落格，2013，http://ginnymakeup.pixnet.net/blog

C'EST BON金紗夢婚禮，2013，http://cestbon7832.pixnet.net/blog

chochoco巧克力專賣店，2015，http://www.chochocowedding.com/index.php

coconia.chocolate，2013，http://blog.xuite.net/coconia.chocolate/
　　wretch/136845071/track

COME攝影微博，2014，http://www.weibo.com/comestudios?is_all=1

Dora Li畫話部落格，2014，http://fishdora1217.pixnet.net/blog

Erin Tsai的品味生活二三事，2013，http://erintsai0430.pixnet.net/blog

evoke，2012，http://www.evoketw.com/

Ginny's Make-up Studio，2013，http://ginnymakeup.pixnet.net/blog

green28的部落格，2013，http://verywed.com/vwblog/green28/

H.I.S台灣，2015，http://www.his-wedding.com.tw/

IRIS WEDDING的部落格，2012，http://iriswedding.pixnet.net/blog

Julie Make-up & Hairdo Artist，2013，http://vel.tw/

just wedding，2014，http://jwedding.com.tw/#home

MOR婚紗‧攝影工坊，2015，http://www.deamorwedding.com/

Mrs. Machi部落格，2015，http://mmushroom.pixnet.net/blog/trackback/

a2baf5dda9/105777262

Nina Lai部落格，2008，http://lv304287.pixnet.net/blog

NowNews，2013，http://www.nownews.com/n/2013/03/17/309905

peaceiloveu1的部落格，2013，http://peaceiloveu1.pixnet.net/blog

PinkyPromise勾勾婚禮，2015，http://ppwedding.net/

Queena昆娜經典婚紗，2014，http://queena888.pixnet.net/blog

Riley的電影Murmur，2013，http://dd878055.pixnet.net/blog

Think Do, I Will部落格，2013，http://blog.udn.com/csjulius/article

UrStyle婚享主義，2015，http://www.urstyle.com.tw/planning/wedding/16.htm

veryWed非常婚禮，2013，http://verywed.com/event/etude2013/

vicky的部落格，2014，http://vicky3652.pixnet.net/blog

VIVA LIWA莉娃婚禮控日誌部落格，2012，http://bunnytherabbit.pixnet.net/blog

wed114文集，2013，http://www.wed114.cn/baike/

wedding day，2013、2015，http://www.weddingday.com.tw/blog/

WeddingDay小花。禮服控狂想曲，2013，http://blog.fashionguide.com.tw/8022/
    posts

World Bridal——海外度假結婚專賣店，2015，http://www.worldbridal.com.tw/
    front/bin/home.phtml

www.sheisright，2013，http://www.sheisright.com/

九九莊園，2016，http://1399farm.com.tw/wedding/weddings.html

人民網，2015，http://www.people.com.cn/

人妻nana的小天地部落格，2014，http://una02585.pixnet.net/blog

久久結婚，2010，http://tj.99wed.com/

大海愛上藍天旅遊日記分享，2014，http://ub874001.pixnet.net/blog

女王心部落格，2015，http://miniangel2599eva.pixnet.net/blog

小雯愛漂亮部落格，2014，http://yeahyeh70.pixnet.net/blog

中文百科在線，2016，http://www.zwbk.org/MyLemmaShow.aspx?zh=zh-
    tw&lid=97254

王森森（SENSEN），2016，http://www.sensenwang.com/

主播台下的小確幸♥貝貝部落格，2015，http://tsaipei525.pixnet.net/blog

以愛為名・迪士尼授權婚禮商店，2016，http://www.madeinlove.com.tw/home.php

可艾婚禮小物喜帖專家，2015，http://www.kute.com.tw/

可圈藝術，2015，http://www.gnflive.com/en/index.php

台北文華東方酒店，2016，http://www.mandarinoriental.com.hk/taipei/

台北君悅酒店，2016，http://taipei.grand.hyatt.com/zh-Hant/hotel/our-hotel.html

名家花苑基隆市婚禮布置，2015，http://blog.xuite.net/nobleshop/twblog

好事婚禮顧問Our Wedding，2010，http://ourweddingplan.pixnet.net/blog

百度百科，2016，http://baike.baidu.com/

艾比攝影|女攝影師|婚紗婚攝|故事，2014，http://abby41.pixnet.net/blog

艾咪將部落格，2013，http://amylin0129.pixnet.net/blog

艾倫的旅油札記，2015，http://car0126.pixnet.net/blog

艾婚禮部落格，2014，http://ivyyy0715.pixnet.net/blog

西子婚嫁，2016，http://marry.xizi.com/

我要結婚了WeddingDay，2013、2015，http://www.weddingday.com.tw/blog/

沐司攝影設計部落格，2015，http://musedesign98.pixnet.net/blog

男婚女嫁網，2016，http://www.nanhunnvjia.com/e/blog_list.asp

典華幸福機構，2015，http://www.denwell.com/index.php

幸福久久久婚禮小物，2013，http://blog.xuite.net/lou99999/blog

幸福工坊，2015，http://www.happyworkshop.com/index.php

幸福故事館，2015，http://www.storywed.com.tw/

幸福紀錄特派員，2016，https://www.flickr.com/photos/a-doforyou/sets/

幸福專家，2014，http://blog.sina.com.tw/emmm520/

昆娜婚紗，2013，http://queena888.pixnet.net/blog

東森新聞雲，2012，http://www.ettoday.net/news/20121019/116436.htm

松竹園花坊，2016，http://www.sunsin.com.tw/home

泡泡網，2012，http://m.popo.cn/

金紗夢婚禮，2015，http://cestbonweddings.com/

青青食尚花園會館，2015，http://77-67.com/

非常婚禮，2010、2012，https://verywed.com/

昵圖網，2016，http://nipic.com/index.html

柏菲時尚新娘館，2015，http://www.bof99.com/

美麗婚禮，2011、2015，http://www.weddingideal-tw.com/

迦拿婚禮，2015，http://www.canawedding.com.tw/wedding_deco

時代花苑，2016，http://www.timeflower.com.tw/

浪漫天使的愛情酸甜日誌，2011，http://lovepinkjanet.pixnet.net/blog

高跟控，2015，http://www.al-sz.com/

唯婚誌，2016，http://gm-mag.com/

婚禮情報，2015，http://www.wed168.com.tw/

淘寶婚慶，2012，http://jiehun.taobao.com/?spm=0.0.0.0.PGryNQ

牽緣婚禮，2011，http://www.wed853.com/

理想大地渡假飯店，2016，http://www.plcresort.com.tw/tw/

甜mInt。異想生活‧世界探險，2013，http://ectomy.pixnet.net/blog

莎士比亞皇室婚禮，2013，http://blog.yam.com/SHAKESPEAREwedding

創意市集文化出版社部落格，2013，http://ifbook.pixnet.net/blog

喜印坊網路喜帖公司，2016，http://www.love999.org/

壹部分中的1部分部落格，2011，http://tohover19.pixnet.net/blog

尋找美好事物部落格，2015，http://oprah66548.pixnet.net/blog

就中意旅遊拍照~✿旅人行館粉絲's blog，2014，http://lizen157fans.blogspot.tw/

就是要玩蛋糕，2014，http://www.weddingcake.com.tw/about-cake.php

結婚新人看過來｜❤N個你必看的訂結婚重點❤，2012、2013，http://
      easymarry1007.pixnet.net/blog

華德培婚禮，2015，http://www.watabe-wedding.com.tw/

開心網，2010，http://www.kaixin001.com/

愛婚誌W.LOVE Wedding，2014，http://wswedbook520.pixnet.net/blog

愛斯樂團，2015，http://aceband.com.tw/

愛結，2016，www.ijie.com

愛麗絲姑娘＋凱薩琳媽咪部落格，2012，http://pinpin7210.pixnet.net/blog

新娘物語-結婚資訊網，2015，http://new.weddings.tw/

新婚會，2012，http://www.iweddingclub.com/iwc/web/init/home2.php?pop=0

新勝發台灣人文餅鋪，2016，http://www.schatsu.com.tw/index.html

楓樺台一渡假村（台一生態休閒農場），2016，http://www.taii.com.tw/

樂多日誌，2015，http://blog.roodo.com/

樂思攝紀工作室，2016，http://litswedding.com/

蝴蝶結愛女生部落格，2016，http://beautycoco.pixnet.net/blog

學庫網（香港），2013，http://www.citipro.com.hk/

蕎仔の用照片記錄生活—小手札❤，2015，http://chiauyu55.pixnet.net/blog

薇薇新娘雜誌社，2015，http://www.vi-vi.com.tw/

麗星音樂藝術，2016，http://www.lisingmusic.com.tw/service/ins.php?index_id=124

蘭袋鼠博客，2007，http://landaishu.hi2net.com/hom